品成

阅读经典 品味成长

甘于平凡的勇气

アドラー心理学入門：
よりよい人間関係のために

[日] 岸见一郎　著

宋刚　译

人民邮电出版社

北京

图书在版编目（CIP）数据

甘于平凡的勇气 ／（日）岸见一郎著 ；宋刚译 .
北京 ： 人民邮电出版社， 2024. -- ISBN 978-7-115
-64967-6

Ⅰ . B821-49

中国国家版本馆 CIP 数据核字第 2024V0440Y 号

版 权 声 明

◆ 著 ［日］岸见一郎
译 宋 刚
责任编辑 马晓娜
责任印制 陈 犇

◆ 人民邮电出版社出版发行 北京市丰台区成寿寺路 11 号
邮编 100164 电子邮件 315@ptpress.com.cn
网址 https://www.ptpress.com.cn
文畅阁印刷有限公司印刷

◆ 开本：787×1092 1/32
印张：6.875 2024 年 10 月第 1 版
字数：86 千字 2024 年 11 月河北第 2 次印刷
著作权合同登记号 图字：01-2024-1493 号

定价：45.00 元

读者服务热线：（010）81055671 印装质量热线：（010）81055316
反盗版热线：（010）81055315

广告经营许可证：京东市监广登字 20170147 号

岸见一郎传递的是真正的强者哲学，他写的内容，给了我很多价值千金的启发，接下来，我会长期推广他的作品。

——个人品牌顾问，《一年顶十年》作者

剽悍一只猫

《甘于平凡的勇气》不仅仅是一部对心理学理论的解读，更是一部充满智慧的生活指南，为读者提供了在平凡的生活中找到真正的幸福的途径。书中通过生动的例子和具体的建议，帮助读者更好地理解自己的内心世界，勇敢面对生活中的种种挑战，并在平凡的日常生活中找到真正的幸福与满足。这本书提醒我们，勇气并不总是在壮丽的成就中体现，而是更多地展现在我们如何面对平凡、接受自己以及关心他人中。通过学习阿德勒心理学的核心思想，读者能够在面对人生的风雨时更加从容不迫，真正实现自我的成长与超越。

——哲学博士，心理咨询师，督导师　张沛超

人生是一场自我实现的旅程，我们每个人都是自己命运的主宰。所谓高僧只说家常话，阿德勒的思想虽平实易读，却常读常新，每个自觉成长的心灵都需要阿德勒。

——全民幸福社创始人，阿德勒研究者，

幸福心理学开创者　李文超

在这个复杂多变的世界里，阿德勒的个体心理学为我们提供了一种深刻的自我理解和成长的路径。《甘于平凡的勇气》鼓励我们放弃低劣的优越性，接纳真实的自己，建立滋养型而非消耗型的人际关系。这本书让我们拥有甘于平凡的勇气，从而获得真正的幸福。

——关系心理学家，《恰如其分的孤独》作者

胡慎之

《甘于平凡的勇气》深入浅出地剖析阿德勒心理学，让你解锁幸福生活，让心灵在平凡中绽放不凡光彩。

——张德芬空间 CEO，全国标准委心理咨询

服务分技术委员会委员　卢熠翎

不只是攀上喜马拉雅山顶，才是幸福；即使走在烟雨竹林的小路，也可以是幸福。《甘于平凡的勇气》这本书让我们知道，无论选择巍巍高山，还是选择平凡小路，我们都能够获得幸福。

——壹心理创始人，冥想星球 App 发起人　黄伟强

为什么平凡也需要勇气呢？

我猜不少朋友第一次看到这本书的主题也和我一样好奇，也会有另一些朋友和我一样看到这个主题时，内心深深被触动。我们早已不能做个快乐的普通人了，大多数人都有被比较，被要求优秀的经历，我们活在证明自己的价值和权力斗争里，心力交瘁。

这本书却告诉我们，人与人之间需要平等的横向关系，需要自我接纳，需要温和而坚定；这本书还告诉我们，你可以反对决定论，反对外部评价系统，你的人生意义可以由你自己决定，你完全可以不与任何人比较，因为你会开创你自己的人生。

希望通过阅读这本书，你能够超越自卑情结，不再为难自己，不活在别人眼中，真正与自己和解，自洽、松弛地追寻自己的人生意义，活得平凡却那么潇洒！

——全民幸福社创始人，幸福心理学专家　徐秋秋

廉价且偏执的优越感追求不可取，人要有甘于平凡的勇气。《甘于平凡的勇气》这本书适合所有希望深入了解人类行为、寻求个人成长以及改善人际关系的读者。通过阅读，你将获得启发和勇气，学会在平凡中发现非凡，活出真正属于自己的幸福生活。

——心理学空间网创始人　陈明

阿德勒仿佛是一位古老的智者，朴实仁慈，循循善导。我特别好奇的是，阿德勒如何在那样黑暗、颠倒人性的世界中，坚定发出对人性的理解之声，这个声音不光穿越了战乱，同时穿越了当时以精神分析为

主流的语境，阿德勒坚持独立地思考、发声。读完这本书，我不禁合书赞叹，心中好像点亮了一团光，向阿德勒缓缓致敬。

——尚想心理首席咨询师　顾怡

平凡，不简单

作为一名从事心理咨询工作多年的专业人士，我常常遇到许多因感到迷茫、焦虑和有压力而前来寻求帮助的来访者。我刚入行时，在一家精神心理专科医院工作，当时的来访者来自社会的各个阶层，如今我的来访者则以"成功人士"为主。许多成功人士在取得卓越的成就的同时，遭受着心理问题的困扰，其症结在于对"平凡"的深刻恐惧。随着社会的快速发展，越来越多的人感到不安和焦虑，尤其是当他们面对"必须优秀，必须卓越"的主流价值观的压力时，常常难以找到内心的安宁。在这个背景下，岸见一郎的《甘于平凡的勇气》无疑为我们提供了一种全新的视角与答案。

　　阿德勒心理学的核心思想在这本书中得到了深刻的阐释。作为与弗洛伊德和荣格并列的三大心理学家之一，阿德勒独特的见解和实践应用在心理咨询领域有着深远的影响。弗洛伊德尽管详细地讨论了各种焦虑问题在儿童期的成因，却很少论及勇气的话题。《甘于平凡的勇气》一书通过心理学视角探讨了人类如何在平凡与挫折中找到真正的勇气与价值。本书复现了阿德勒心理学的核心思想，揭示了自卑、人生课题以及自我实现的复杂关系，鼓励读者摆脱社会的普遍压力，追寻内心的平静与满足。通过多个真实的生活案例，作者展示了个人如何在挑战面前获得成长与转变，特别是如何在看似普通的生活中找到生命的意义。

　　本书分为多个章节，深入探讨了阿德勒心理学的核心理念。首先，书中强调了"课题分离"的重要性。

生活中也经常有朋友向我求助，我通常在被电话粥煲得"脑花滚烫"之时不得不叫停："这与你何干？"我们常常混淆了别人的课题和自己的课题，害得自己背负了不必要的压力。针对这种现象，作者指出，每个人在生活中都有自己必须面对和解决的课题，不应把他人的课题也扛在自己肩上。例如，在育儿过程中，家长应该区分好哪些是孩子自己的课题，家长不应过度干涉。同样，成年人在工作、交际等方面也应明确区分哪些是自己的责任，不应逃避自己的责任或者过度承担他人的责任。我们不应该为他人的课题负责，也不应该让他人来解决我们的课题。例如，在家庭中，父母常常希望孩子按照他们的期望生活，但实际上，孩子的成长和选择是他们自己的课题，父母应该学会放手，让孩子独立面对生活中的挑战。这个观点不仅在家庭关系中适用，在职场、朋友关系中同样具有很大的实践价值。

阿德勒心理学的一个核心概念是"自卑感"及其

对个体行为的影响。在我的咨询工作中，很多来访者表现出强烈的自卑感，他们常常对自己的能力、价值产生怀疑，甚至认为自己无法融入社会。而有些人的自卑感是隐秘却破坏力更大的，但看起来无非是不断地追求卓越和世俗意义上的成功。岸见一郎在书中指出，自卑感并非消极的情绪，而是每个人都不可避免的正常心理状态。然而，问题的关键在于，我们如何处理这种自卑感。岸见一郎通过阿德勒心理学的视角指出，自卑感并不应该成为我们逃避现实的借口，而应成为我们不断追求进步的动力。只有当我们接受自己的平凡，承认自己的局限性，才能获得真正的内心平静和满足。自卑感是人类普遍的心理体验，而自卑情结则是过度沉溺于自卑感，进而逃避现实问题的行为模式。所以能够接受甚至悦纳自己的平凡，代表了我们已经从自卑情结的魔界中突围。

弗洛伊德是还原论的取向，荣格则是一半的还原论、一半的目的论，而这一半的目的论很有可能是受到了阿德勒的影响。阿德勒心理学的一个重要观点是，人的行为并不是由过去的经历决定的，而是由个人赋予这些经历的意义决定。换句话说，人生的方向取决于我们如何解释和看待过去的经历，而非这些经历本身。因此，本书鼓励读者不要让过去的创伤成为逃避现实的借口，而是要以积极的态度面对生活中的挑战。

在育儿方面，本书也提出了许多实用的建议。比如，作者指出，父母应更多地鼓励孩子独立解决问题，而不是过度保护或干涉。只有通过这种方式，孩子才能真正学会自立，并在与他人的和谐共处中找到自己的位置。这样的教育方式不仅有助于孩子的成长，也能帮助家长减少焦虑，建立更加健康的亲子关系。岸见先生在他的多本著作中都强调了阿德勒"不要指责，也不要表扬"的教育思想。当我在育儿讲座中引用这一观点时，常常有家长朋友们感到不解，其实如果家长们有接受"孩子是平凡的，自己也是平凡的"的勇气，就会发现指责和表扬多半来自对平凡的深刻恐惧。我觉得岸见先生对阿德勒这一观点的偏爱，对于东亚式的教育有着重要的纠偏作用。

作为一名心理咨询师，我特别欣赏书中对"勇气"的诠释。有时候我会对自己的学生开玩笑道，如果你们不知道对来访者说什么，至少要让他们有"生病的勇气"和"看病的勇气"。弗洛伊德在人类的每个行为中都看到焦虑，而阿德勒几乎看到的都是勇气。在现代社会中，人们普遍认为有勇气是一种英雄式的特质，只有在极端情况下才会被表现出来。然而，岸见一郎提出了一种截然不同的见解：勇气并不是与生俱来的特质，它体现在我们每天经历的生活点滴中。比如，勇敢地承认自己的错误，坦然接受自己并不完美的事实，这些都是"甘于平凡的勇气"的体现。这样的勇气并不耀眼，但它是我们实现内心成长的基础。

总的来说，《甘于平凡的勇气》不仅仅是一部对心理学理论的解读，更是一部充满智慧的生活指南，为读者提供了在平凡的生活中找到真正的幸福的途径。书中通过生动的例子和具体的建议，帮助读者更好地理解自己的内心世界，勇敢面对生活中的种种挑战，并在平凡的日常生活中找到真正的幸福与满足。这本书提醒我们，勇气并不总是在壮丽的成就中体现，而是更多地展现在我们如何面对平凡、接受自己以及关心他人中。通过学习阿德勒心理学的核心思想，读者能够在面对人生的风雨时更加从容不迫，真正实现自我的成长与超越。

从我第一次为岸见先生的《被讨厌的勇气》写推荐序到今天，已经过去了近十个年头，虽从未谋面，但先生的书指引了我进入了阿德勒的世界，让我拥有了一系列勇气。以此小序表达对先生的敬意。

张沛超

哲学博士，心理咨询师，督导师

甲辰初秋

致敬阿德勒：
从此刻开始幸福

　　简单而幸福地活着，几乎是所有人类的深切愿望，但千百年来，却很少有人真正活出这样的一生。

　　生活在世上的每个人，都渴望幸福，却并非人人获得了幸福。如果说物质上的成功就是幸福，那么最幸福的人就应该是各行各业的成功人士。可在多年的咨询和教学工作中，我发现个案中不乏事业很成功的人，他们或是企业主、高管，或是银行家、医生，拥有花不完的钱，却也有着解不开的心结、倾诉不完的烦恼。成功和幸福兼得的人显然是凤毛麟角。如果说勤奋的人才配拥有幸福，那认真生活的人们应早已与痛苦绝缘。但只要去问问夜间还在劳作的人们，就很容易得到这样的回答："我的生活谈什么幸福呢？不过是糊口罢了。"他们很勤奋，可幸福于他们，遥不可及。

现代人的生活相比以前，物质条件变得更优越，人们却普遍陷入无尽的焦虑与迷茫中。焦虑已经不只是一个人的主观体验，它仿佛成为时下人们的共同体验。生活不易，充满苦楚，成为很大一部分人的心态旋律。

因此，在这样的共同体心态下，我们有必要仔细阅读阿德勒的心理学思想，从这个拥抱大众的心理学说中探索幸福的真谛，学会在充满挑战与机遇的时代里，简单而幸福地活着。

阿德勒心理学，并不是一门仅仅属于专家的被研究学科，而是属于所有人的生命艺术。它立足人间生存困境，给出幸福之道，教会我们如何找到内心的富足与和谐。

阿德勒在他的著作中不止一次提到人类的生存困境：

很久以来，我一直以为，生活中的所有问题都能归为三类。一类是与社会生活有关的问题，一类是与工作有关的问题，一类是与爱有关的问题……这些问题总是横亘在我们面前，让我们身不由己，烦恼不已。

任何人，只要活着，就要直面这三大生存困境。

在我看来，阿德勒所说的幸福的真谛是此时此刻能够感受到幸福。幸福是一种安住于当下的生活状态，而不是一个长期奋斗的结果、苦尽甘来的果实。如果你把幸福作为目标去努力，就代表你还没有拥有它。是千辛万苦地追求幸福还是幸福地追求，只需要你做出一个决定。当然，这个过程中还需要内心的智慧。

人的心理能量是有限的，用在破坏性行为上的多，用于发现和创造的就少。我们用于和自身、他人争斗的每一点能量都会消耗我们用于发现和创造的能量。活在与自身或过去的战争中，会让我们被内耗纠缠，表现为揪着那些已经发生的故事和与之相关的人不放，为了获得别人的认可而疲惫不堪，因为别人的情绪而折磨自己。

当我们能够掌握更为有效、更为容易的方式处理曾经的矛盾时，我们会重新连接彼此，创造出前所未有的合作，而不是毁掉我们自身。

阿德勒深刻洞察人类社会中普遍存在的自我对话的争斗，并指出这种争斗不仅消耗了我们的能量，还阻碍了我们的成长与发展。我们应当将用于争斗的能量转向合作与创造，通过建立积极的人际关系，共同面对人类生存困境。所有的冲突，唯一的意义是给我们带来更深入或更宏大的整合。

人类具有创造性自我，只要认识到"要从行动中获益，而不是要毁掉自身"这点，我们就可以借助阿德勒心理学找到更为容易、更为有效的处理矛盾的方式。反之，战争不停、痛苦不止。

2022 年，世界人口已经超过 80 亿。2024 年 7 月 11 日联合国发布的报告显示，再过 60 年，世界人口可能会达到 103 亿的巅峰。因此从更宏观的生存困境来看，日益增长的人口与日渐匮乏的地球资源之间的矛盾，是人类共同体所面临的重要课题。

那么，积极且富有创造性地解决人类共同的生存困境的方式是什么？结合对于阿德勒思想的理解，我认为可以总结为：对光辉人性的投入与献身。成为自己生命的创作者，成为生命的艺术家。

物质上的成功无法满足一个人的精神需求，更无法满足我们的精神追求。因此，当下急迫的任务是我们要滋养已萌芽的理智与人性的花蕾。

阿德勒的智慧，能够帮助我们实现这一点——学会如何更好地与这个世界和平相处。

多年来，我已能清晰勾勒出人类人性化生活的图景。他们是这样一群人，能了解、珍视自己的身体，能强身健体，发现自己的美丽与价值；他们真诚、友善地对待自己和他人；他们有勇气冒险，喜欢创新，能展示自身能力，能在环境要求的情况下做出改变；他们有能力接纳新东西和不同的东西，保留有用的部分，丢弃没用的部分；他们能够脚踏实地、深深地去爱，公平、有效地竞争；他们既温柔又刚强，并十分了解二者并不矛盾。

当你拥有了上述所有的特点，你就会成为身体健康、内心敏锐，富有同情心、爱心，有趣、真诚、有创造力、能干、负责的人。

人类的演变正处在酝酿之中，所有致力于变得更完美的人，都将成为通往新时代的桥梁。我们正是转变中的人，向着更理性、更人性的方向积极地转变。

过去很多人苦苦追寻技术发展以及智力开发，而现在我们面临的课题是：发掘人类的价值——道德、伦理和人性的价值。这些价值可以有效地用于人性自身的发展。

当我们实现这一追求的时候，将能够真正欣赏这个最美好的星球，在这个星球之上享受美好人生。

阿德勒被誉为个体心理学之父，但我更认为他的思想是积极心理学的源头，乃至百年后的我在提出幸福心理学体系时，正是借力于阿德勒对人性的积极思考与洞察，方有勇气不断探索人类深邃的心灵。

人生是一场自我实现的旅程，我们每个人都是自己命运的主宰。在幸福心理学的指引下，我们学会了如何以更加开放和包容的心态去拥抱这个世界，如何在爱与被爱的过程中体验生命的温暖与美好。我们不再是孤独的旅者，而是彼此连接、共同前行的伙伴。

所谓高僧只说家常话，阿德勒的思想虽平实易读，却常读常新，每个自觉成长的心灵都需要阿德勒。

人的一生，重在选择，可以活成旅程，活成风景或者活成战斗，愿我们都能在阿德勒的智慧之光下，把有且仅有一次的人生活成独美的旅程，不仅为自己创造幸福，也为这个世界增添更多的温暖与光明。

在向着完满转变的征途上，我们有必要携阿德勒心理学前行。为了更好地传播阿德勒的智慧，我们也在全力筹备创建国内的阿德勒学会。阿德勒的思想不属于我们任何一个人，也不属于任何一个组织，它是全人类的共同精神财富。创建这样一个组织也旨在提供更多线上和线下的学习机会，让一群志同道合的人率先幸福起来，然后去唤醒更多人的心灵，让更多人因阿德勒心理学醒来。

回到此刻，我感觉非常幸福，因为我们即将再次与阿德勒重逢，通过本系列经典好书传播大师的智慧，用心理学服务更广阔的世界。

也邀请你从打开书的此刻，开始幸福。

李文超

全民幸福社创始人，阿德勒研究者，幸福心理学开创者

译者序

　　"有因必有果"，这句话我们常常谈起。在阿德勒心理学兴起之前，现代心理学普遍遵循"因果论"的原则。例如，斯金纳的操作条件反射理论主张，人的行为是由环境中的奖惩机制决定的。再如我们熟知的弗洛伊德认为，性本能是潜意识活动的根源。

　　基于"因果论"的思维模式由来已久，以致我们常常不自觉地将当下的某种行为归咎于过去发生的某一事件。对此，阿德勒提出了一个颠覆性的认知，即先有目标，再有理由。这便是本书阐述的底层逻辑——"目的论"。

例如当孩子不听话时，母亲就生气了。在认知这一场景时，因果论观点认为，因为孩子不听话，所以母亲生气。目的论则认为，母亲生气并非事件的结果，而是某种目的的产物，即通过生气让孩子顺从。愤怒的情绪，仅仅是这一目的的衍生物。

这种逻辑似乎有悖于大部分人的思维习惯，更有人斥之为自我打压式的心灵毒鸡汤。因果论比目的论更易被接受，也是有其原因的。

在因果论思维控制下，给我们造成创伤的是过去的挫折与痛苦。这种逻辑实则是对固有思维模式的一种强化，它肯定了两者间的因果逻辑。阿德勒将这种思考和行为的特定倾向称作"生活风格"。之所以不说"性格"，意在强调这种模式的可变性。而在目的论的思维下，连接过去和现在的"因果链条"被打破，固有的"生活风格"也随之瓦解。我们被推向了未知和无序，这也就意味着不安全和不确定。

我要不要改变呢？改变后的我会不会被讨厌呢？

因果论指导下的我们几乎在做每一件事时都会有这样的担忧。于是，我们期待着来自他人的评价，并将这些评价视作对自身行为模式的直接反馈。从这个角度而言，过度在意他人的评价，并不是对他人的关心，而是对自己的偏执。不安和焦虑，乃至阿德勒所说的"人类的一切烦恼"，说到底都来自人际关系。

那么，该怎么走出这个怪圈呢？

阿德勒提供了一条极其重要的思路，那就是"课题分离"。

假如这个世界上只剩下你一个人，你还会为什么而烦恼？如此想来，我们的太多烦恼源于他人的课题。无论是"我介入他人的课题"，还是"他人介入我的课题"，都会导致人际关系产生矛盾。因此，我们必须明确划分面前的课题究竟是自己的，还是他人的。在亲密关系中尤为如此。这看似是个极其自私的观点，实则不然。相反，它代表着平等的横向关系，意味着强大且完整的自我主体性。

这里引出了阿德勒个体心理学中的核心主角——个人。阿德勒提倡的整体论、课题分离、横向关系等观点，无不体现出对一个个普通个体的重视，体现出对个人发展的肯定。

本书正是对阿德勒心理学的生动实践。岸见一郎先生在书中融入了自己的人生经历，用平实朴素的语言娓娓讲述着苦痛中悟出的真理。本书没有抽象、宏大的世界观价值观，有的是侧重于指导具体实践的方法论。

阿德勒曾说："人们可能不会记得我的名字，甚至不会记得阿德勒学派，但这没关系，我更希望我的思想能广为流传。"比起一种学问，他更希望自己的思想能够成为一种普遍认知。我斗胆揣测，岸见先生或许也是如此。所以，他写下了这一本送给普通人的人生指南，奉上了一剂口感微苦的良药。

迷茫之际，不妨翻开这本书，相信你可以从中找到与自己、与世界的相处之道。

宋　刚

"生活的真谛是什么？"

——阿德勒心理学可以给出明确的答案

弗洛伊德和荣格的名字家喻户晓，而同一时期的奥地利精神病学家阿尔弗雷德·阿德勒的名字却鲜为人知。

阿德勒（1870—1937）于 1902 年开始活跃于弗洛伊德的维也纳精神分析学会，是当时的核心成员。此后，由于反对弗洛伊德的心理学体系，他脱离了学会，创建了以"目的论"和"整体论"为特征的独立理论体系，即"个体心理学"。"个体心理学"将人视作一种不可分割的实体，并由此得名。但这一名称并不能完全概括阿德勒的初衷，因此现在一般用他的名字命名该体系——"阿德勒心理学"。

阿德勒早期关注政治议题，期望通过政治改革实现社会变革。但在目睹了种种政治现状之后，他认为政治改革不是出路，只有教育才能拯救个人，进而拯救整个人类社会。基于此，他在维也纳构建起儿童咨询中心网络，潜心于心理咨询工作。再加上，奥地利在第一次世界大战中战败，遭受重创，青少年犯罪问题日益严峻，教育遂成了阿德勒心理学的核心课题。

阿德勒心理学认为，**应当百分百地信任孩子，不能强迫和压制他们。**这也是阿德勒本人与孩子的相处模式。

随着纳粹对犹太人的迫害加剧，阿德勒将工作地点转移到了美国。他在美国十分活跃，每天都举办多场讲座，著作也接二连三地出版，而且每一部都很畅销。

阿德勒的讲座通俗易懂，不使用专业术语，但这也招致了一些专业学者的批评。

一次演讲结束后，有人对阿德勒说："您今天讲的不都是常识吗？"他本以为阿德勒会传授一些高深莫测的秘籍，平实的演讲让他有些许失望。

如今虽然阿德勒的名字很少被提及，他的思想却处处可见。我们可以在一些著作中看到与阿德勒相近的主张。较早的有戴尔·卡耐基的《人性的弱点》，近期的有史蒂芬·柯维的《高效能人士的七个习惯》、理查德·卡尔森的《别再为小事抓狂：小事永远只是小事》等。但由于基础概念有所不同，它们都不属于阿德勒心理学。卡耐基确实引用过阿德勒的话，后两位作者可能根本不了解阿德勒。阿德勒心理学就像一座丰厚的宝库，有无尽的财富供后人挖掘。

这并不是什么新鲜事，在阿德勒的时代就已如此。他本人对此也不在意，他说："人们可能不会记得我的名字，甚至不会记得阿德勒学派，但这没关系，我更希望我的思想能广为流传。"

有一些现象本书并未具体谈及，比如有些人谈论阿德勒的思想却不提及其名，还有一些人将自己的理论标榜为阿德勒心理学，实则与之大相径庭。具体来说，一部分人从原因论的立场出发，意图利用阿德勒心理学来控制儿童，这其实与阿德勒的基本立场大相径庭。这种现象本应作为学术问题来探讨，但由于本书是一本通俗读物，我希望尽可能保持中立，因此避免提及此类话题。

总之，尽管阿德勒的名字并不广为人知，但阿德勒心理学却作为一种常识至今仍为大众所熟知，我们无法对其视而不见。不过，虽然阿德勒心理学通俗易懂，但这并不意味着所有人都赞同他的观点。很多人表示他的理论易于理解却难以实践。

值得一提的是，阿德勒心理学并不是什么接受起来让人如沐春风的理论，也从未被民众广泛接纳与青睐，因为它始终对潜意识认定的文化身份采取了批判的姿态。读完本书，读者朋友就会明白我的意思。

我在儿子两岁时开始接触阿德勒心理学。后来，随着女儿的出生，我在与孩子们相处的过程中学会了许多道理。如今孩子们已经长大成人，回想起来，我很庆幸自己当初学习了阿德勒心理学，因为它极大地改变了我与孩子们相处的方式。

话虽如此，但阿德勒心理学并不止于育儿理论和教育理论。

我在本书中也提到，我在大学学习的是哲学。哲学领域里，需要探讨的课题不胜枚举，我所研究和探讨的课题偏于实践，那就是"何谓幸福"。始终没有得到明确答案的我，步入了三十岁，为了学习育儿知识开始接触阿德勒心理学。阿德勒心理学为我一直探究的哲学问题揭示出一个清晰的答案，或者说指明了答案的方向。

阿德勒更关注人际关系而非人的内心世界，更倾向于"目的论"而非"原因论"。刚开始学习阿德勒心理学，这一点就给我留下了深刻的印象。在我的研究领域——古希腊哲学中，柏拉图和亚里士多德也将目的论视作重要课题。这使我对阿德勒心理学在教育和临床领域中的实际应用产生了兴趣。

阿德勒心理学与其他心理学截然不同的地方在于，它并不认为只要疾病痊愈或没有异常状况就是正常的，而是探讨什么是正常、什么是健康、什么是幸福。阿德勒认为，无论当下处于什么状态，都必须了解什么是正常和健康，并朝着这个唯一的方向不断前行。

阿德勒心理学清晰地描述了正常和健康的生存方式，并且提出了十分具体的实践方法。这让长期思考哲学的我大为惊叹。于是，在研究哲学的同时，我也开始涉猎阿德勒心理学。

本书将从阿德勒心理学的视角出发，让大家了解阿德勒对"如何过上幸福生活"这一古老问题的回答，希望为读者提供一些幸福生活的指南。本书也提及了与孩子的相处之道，我更希望读者可以将其应用到日常生活中的人际关系上。

曾在维也纳与阿德勒共事的莉迪亚·吉哈于某个星期六阅读了阿德勒的著作《神经症性格》，她说：

"虽然天气酷热难耐，但我很庆幸能一个人独处。我将阿德勒的书从头到尾读了三遍。星期二早上，我从椅子上站起来的时候，世界变得不同了……阿德勒让我明白，世界竟如此简单。"

希望本书能让读者领略阿德勒心理学的魅力，并激发出大家进一步深耕学习的欲望。

1999 年 7 月

岸见一郎

目录

第一章 阿德勒是谁

第二章
育儿与教育

第三章 横向关系与健康人格

第四章
目的论与课题分离

第一章

阿德勒是谁

阿德勒的生平

阿德勒于 1870 年出生于维也纳近郊，在六个孩子中排行第二。阿德勒的父母都出生于布尔根兰州的基特塞。他的父亲是一名从事谷物生意的犹太商人，家境宽裕。当地的犹太人大多是商贩，作为纽带连接着普雷斯堡的犹太街与维也纳。当时，他们的权益较有保障，也很少感受到自己是少数的被压迫者。

阿德勒本人及其心理学都没有犹太色彩。1904 年，阿德勒脱离犹太教，皈依新教。但据说他的这一转变并非与特定的宗教信仰有关。他对自己的犹太身份没有过多的在意。

阿德勒与父亲的关系十分融洽，和母亲却较为疏远。有传记记载，阿德勒的母亲性格冷漠，对阿德勒的哥哥尤为偏爱，却在他们的幼小的弟弟去世不久后便展露笑颜，这令阿德勒难以接受。

另一本传记提到，阿德勒的母亲在他出生后的头两年对他宠爱有加，但在弟弟出生后便将注意力转到了弟弟身上。这让阿德勒宛若从王座跌落，只好依赖父亲。尽管后来他对母亲的看法有所改观，感受到母亲对所有孩子都一视同仁，但小时候的感受却并非如此。

稍后我们也将提到，阿德勒与同时代的弗洛伊德在学术上存在分歧，分歧之一便是对俄狄浦斯情结的看法。由于阿德勒与母亲并不亲近，他认为男孩被母亲吸引并非普遍现象。

在兄弟姐妹中，阿德勒与比他年长两岁的兄长西格蒙德相处得并不融洽。阿德勒患有佝偻病，行动不便，而西格蒙德却能轻松跑跳。看到行动敏捷的哥哥，阿德勒心里很不是滋味。而且西格蒙德才华横溢，堪称楷模，这让阿德勒感觉自己身处哥哥的阴影之下。

尽管体弱多病，阿德勒却喜欢在户外与朋友玩耍。他活泼友善，广结好友，无论身处何处都很受欢迎。后来，他的佝偻病也好转了。

决定成为一名医生

阿德勒的弟弟鲁道夫年仅一岁就因白喉病离世。当时，没有人想到鲁道夫可能感染了白喉，甚至让阿德勒和他同睡一屋。父母没有送他就医，而是采用了民间疗法。一天早上，阿德勒醒来，发现身旁的鲁道夫已经冰冷僵硬了。

弟弟的夭折，再加上自身的佝偻病和五岁时险些因肺炎丧命的经历，都使阿德勒坚定了成为医生的决心。

阿德勒从小就对死亡话题抱有浓厚的兴趣，五岁时他被问及未来的志向，他回答说想当一名医生。然而，当时医生的社会地位并不高。一次，当阿德勒一个玩伴的父亲，一名路灯建筑工得知他的回答，调侃道："那你很快就会被吊死在最近的路灯上。"

但阿德勒却认为，这种情况只会发生在那些不称职的医生身上，他立志要成为一名受人尊敬的优秀医生。尽管阿德勒还具备许多其他才能，如卓越的音乐天赋，但他想成为医生的决心却从未动摇。

十岁时，阿德勒进入中学。他的学习成绩并不出众，数学成绩尤为糟糕。直到父亲威胁要送他去做鞋匠学徒，他才开始努力学习。1888 年，阿德勒考入维也纳大学，并于 1895 年获得医学学位。大学里的医学课程冗长枯燥，更强调实验和诊断的准确性，而非对患者的关怀。阿德勒对此感到厌倦，因此将很多时间用于与朋友在附近的咖啡厅交谈。

在当时，精神病学并非必修课，因此阿德勒并未接受过相关培训。在阿德勒上学期间，弗洛伊德曾来学校举办过关于癔症的讲座，但阿德勒没有参加。他最初是一名眼科医生，后来成为一名内科医生，直到1910年才投身于精神病学的研究。

对政治话题的兴趣与婚姻

阿德勒曾在一家为贫困患者开设的诊所中担任眼科医生，从那时起，他对研究健康、疾病与社会因素之间关联的社会医学的兴趣逐渐萌发。他首部著作是一本关于公共卫生的小册子，名为《裁缝行业的健康手册》（1898 年）。

大学毕业两年后，阿德勒与维也纳大学的俄国留学生罗莎·爱泼斯坦结婚。他们在一个政治话题兴趣小组里相识。罗莎坚定地支持社会变革，阿德勒却不主张进行社会变革，而强调通过育儿和教育推动个体成长。罗莎认为他的想法过于天真，对此始终持批判态度。

婚后，阿德勒开设了自己的诊所，全年无休地工作。白天，他忙于接诊病人与学术研究，晚上则去咖啡厅和朋友探讨问题，因此很少在家。于是，家务和照顾孩子的重担便落在了罗莎肩上。在当时的维也纳，妇女承担家务、照顾孩子被视为理所当然的事情，但罗莎内心也渴望参与学术讨论，因此对阿德勒过于繁忙的行程有所不满。

后来，阿德勒成立了自己的学术小组。罗莎在小组中担任秘书，偶尔也参与讨论。但由于要抚养四个孩子——瓦伦蒂娜、亚历山德拉、库尔特和科妮莉亚，最终她退出了阿德勒的活动。

尽管阿德勒工作繁忙，但在孩子们眼中，他仍是一名尽职的父亲。亚历山德拉回忆道，即使客人来访，孩子们也可以在场。而且，只要保证第二天上学不迟到，孩子们可以自主决定什么时候上床睡觉。后来，亚历山德拉和库尔特也成了精神科医生。

与弗洛伊德的相遇与决裂

读完弗洛伊德的《梦的解析》后，阿德勒对精神医学产生了兴趣。1902 年，当时颇具影响力的维也纳《新自由报》上刊登了一篇批评《梦的解析》的文章。阿德勒看到后，也投稿了一篇文章表示拥护弗洛伊德的观点。弗洛伊德看后，不仅向阿德勒寄信表示感谢，还邀请他加入自己开创的学术团体"星期三俱乐部"。

这个故事来自某个传记作家的记载。但有报道称，当时的报纸并没有刊登关于《梦的解析》的评论文章，也没有刊登过阿德勒的文章。因此，我们无法断定阿德勒与弗洛伊德是如何成为挚交的。

那时，阿德勒已开始研究残障人士如何应对自身的缺陷，并发表了名为《器官缺陷及其心理补偿的研究》（1907 年）的文章。随后，弗洛伊德答应在会议上探讨阿德勒的观点，阿德勒便接受了他的入会邀请。

后来，阿德勒受邀参加的研究小组发展为维也纳精神分析学会。1910 年，阿德勒担任该学会会长。一年后（1911 年），阿德勒与弗洛伊德在学术上的分歧逐渐显现。虽然他们互相尊重，但却从未成为朋友，也从未产生亲近之感。

此外，阿德勒与弗洛伊德对医学的态度也截然不同。阿德勒选择学医并非出于对研究的兴趣，而是热衷于实践，尤其享受诊断的过程。弗洛伊德也从未涉足阿德勒感兴趣的社会主义领域，他对自己的犹太血统颇感自豪，因此对阿德勒改信新教一事颇有微词。

弗洛伊德学会创立之初，成员们共同致力于学术研究。然而，随着时间的推移，成员间的竞争加剧。

国际精神分析学会成立后，苏黎世大学的荣格当选会长，这一人事变动引发了学会的原始成员——维也纳学派的反对。面对这样的纷争，在学会中阿德勒始终扮演着调解人的角色。

然而，阿德勒与弗洛伊德决裂并非因为这些琐事，学术冲突才是他们分道扬镳的根本原因。阿德勒将那些给幼儿生活带来困难的生理缺陷称为器官缺陷，并研究这些缺陷对人格发展的影响。后来，比起客观的劣等性，他更关注主观的自卑感。

阿德勒认为导致精神疾病的根本原因是自卑感，而不是力比多。弗洛伊德对此并不认同。虽然阿德勒后来也修正了这一观点，但两人的见解仍存在本质分歧。因此，阿德勒选择了离开维也纳精神分析学会。

关于有多少人跟随阿德勒一同退会，众说纷纭。当时学会共有三十名成员，那一年，其中九人与阿德勒一同退会。之后，荣格于1913年退会。荣格的离开对弗洛伊德而言无疑是一个沉重的打击。之后，阿德勒和弗洛伊德再也没有见过面。

作为精神分析学会的核心成员，阿德勒经常被误认为是弗洛伊德的弟子，事实并非如此。这种误解甚至在阿德勒将工作地点移至美国后依然存在。据说，当有人称阿德勒为弗洛伊德的弟子时，阿德勒会勃然大怒。弗洛伊德学派的精神分析师要求掌握教育分析，而阿德勒从未接受过相关培训。他始终与弗洛伊德持对立观点。

个体心理学的诞生

离开弗洛伊德后，阿德勒于 1911 年创立了自由精神分析研究会。次年，他将学会更名为"个体心理学会"。

正如最初提到的，阿德勒将人视为不可分割的整体，认为人是统一的实体，因此反对一切形式的二元论，例如将精神与身体、感性与理智、意识与无意识割裂看待。关于这一点，我们将在第四章中详细探讨。

作为军医参战

1914 年，第一次世界大战爆发。时年四十四岁的阿德勒无须入伍，他却选择作为一名军医参战，服务于一家陆军医院的神经精神科，职责是诊断出院后的病人是否适合再次服兵役。阿德勒后来回忆道，这个职位给他带来了极大的痛苦，那段时间，他度过了无数个不眠之夜。

对教育的兴趣

战后，阿德勒重拾对政治的兴趣。但不久他又放弃了通过政治改革拯救人类的想法。此后，他的关注点转向育儿和教育问题。当时，战后的维也纳凋零衰败，青少年犯罪问题日益严峻。在阿德勒的积极推动下，维也纳政府在公立学校内设立了众多儿童咨询中心。这些咨询中心不仅为儿童和父母提供治疗，还成了教师、心理咨询师、医生等专业人员的培训基地。其间，阿德勒还公开展示了自己的咨询过程。

然而，公开咨询的过程也让他遭到了一些批判。孩子和家长站在听众面前时，难免会紧张害怕，担心自己的问题无法得到他人的理解。

当然，并非所有的咨询都公开进行。当咨询内容涉及个人隐私，或难以引发广泛共鸣时，阿德勒便不会公开咨询过程。然而，与教育和育儿相关的咨询通常会公开，因为听众能通过聆听和思考他人的问题，意识到自己的问题，并找到解决问题的方向。

这种公开咨询的方式，对前来咨询的人也是有益的。在咨询中心，孩子们需要面对众多听众，阿德勒认为，这种经历会给孩子们留下深刻的印象，使他们感受到他人的理解与关心，从而意识到自己是更大集体的一部分。

阿德勒对负责此类活动的教师寄予厚望。他认为，教师必须接受充分的培训，以消除父母在家庭中可能给孩子们造成的消极影响。

此后，阿德勒心理学从维也纳迅速传播到欧洲。然而，由于政治等多种因素的阻碍，阿德勒心理学在欧洲的发展受到了限制。

前往美国

纳粹主义的抬头使阿德勒深感不安，他担心犹太人会遭受更加可怕的迫害。因此，1926 年到 1927 年冬季，阿德勒定期去美国旅行，并逐步将工作地点转移至美国。1928 年，他应邀前往哥伦比亚大学讲学。1932 年，他成为长岛医学院的教授；5 月至 10 月，他停留在维也纳，之后便到美国工作。1935 年，他的家人也去了美国。

去世

阿德勒一家的幸福生活并未持续太久。不久，阿德勒的女儿瓦伦蒂娜因政治问题失踪，从此杳无音信。尽管阿德勒并非脆弱之人，但这给晚年的他造成了不小的打击。他在给女儿亚历山德拉的信中写道，每当想到瓦伦蒂娜，他便寝食难安，不知道自己还有多少时日……

就在亚历山德拉收到信的几天后——1937 年 5 月 28 日，阿德勒在当时的授课地点——苏格兰的阿伯丁突发心脏病倒下。那天，他在下榻的酒店吃完早餐后外出散步，不久便倒在了人行道上。在被救护车送往医院的途中，他永远地闭上了眼睛，享年六十七岁。

阿德勒心理学及其发展

阿德勒本人从未进过纳粹集中营，但许多阿德勒派的学者却不幸被送入其中。阿德勒心理学曾一度夭折于奥斯维辛集中营。

阿德勒心理学得以在战后重焕生机，很大程度上得益于鲁道夫·德雷克斯。德雷克斯曾师从阿德勒，后来前往美国，在芝加哥一带推广阿德勒心理学，为其发展和普及做出了重要贡献。

如今，阿德勒心理学不仅在美国受到关注，更在世界范围产生了深远影响。1982 年，日本的精神科医生野田俊作前往芝加哥的阿尔弗雷德·阿德勒研究所，学习阿德勒心理学。回到日本后，他于 1984 年创立了日本阿德勒心理学会，旨在研究和推广阿德勒心理学。

阿德勒的性格

1912 年，阿德勒向维也纳大学申请了外聘讲师[1]的资格。但由于种种原因，这一申请历经漫长等待，最终于 1915 年被拒绝。此后，阿德勒的主要活动场所从大学转移到普通人的集会。这与他对社会主义的兴趣以及追求社会改革的理想有关。

在维也纳接诊时，阿德勒从不收取高昂的咨询费用，有时甚至分文不取。他待人谦逊有礼，从不摆架子。阿德勒对维也纳有着深厚的感情，讲着一口地道的维也纳方言。午休时间，他常常在维也纳的咖啡厅与人们交谈。

阿德勒非常享受在演讲和座谈结束后，被提问的人所包围的感觉。他常常与一些热情的学生和友人转

---

1 外聘讲师（Privat Dozent）的工资由学生而非学校支付。他们不参与大学的运行管理。

至家中或是餐厅继续讨论。结束了一天的工作后，阿德勒会到他钟爱的咖啡厅去，有时甚至待到凌晨一两点。据说，从未有人见过他很早回家。即便如此，他每天早上都会在七点之前起床，并且从不面露疲态。

比起与专家对话，阿德勒与普通人的交流更频繁。这就不难解释，他为何不喜欢使用专业术语，而是努力使自己的讲座通俗易懂了。

有一次，纽约医学协会提出精神科可以只采用阿德勒疗法，但条件是具体方法只能传授给医生，不能传授给其他人。阿德勒拒绝了这一提议。他说："我的心理学并非'专家专属'，而是与所有人共享的。"

移居美国后，阿德勒定居于纽约。无论身处哪个城市，他总会在一天的工作结束后去咖啡厅或电影院，放松心情。至于电影的内容和名气，他并不十分在意。

正如阿德勒的儿子库尔特·阿德勒所言，阿德勒与古板闭塞的知识分子截然不同。他有时也会像哲学家一样发表观点，但他始终以普通人自居，而非精英。即使在解释深奥的哲学、心理学和社会学观点时，他也尽量使用简单易懂的语言。

阿德勒的著作

阿德勒的演讲简单易懂，他的著作却截然不同。

阿德勒热衷于发表演讲和举行座谈，对写作兴趣不大。他的精力主要集中在治疗、演讲和小范围的小组讨论上，没有特别渴望留下作品。其中一个原因是，用口语表达更便于人们理解、生动形象，而文字表达则容易丧失准确性。在讲话时，我们可以借助语音语调、手势以及微笑来传达含义，使听众轻松理解，然而，同样的内容转变为文字，常常变得生涩难懂。

阿德勒深知这一点。正如我在开头提到，他的观点更偏向常识，或许他认为没有必要用文字记录下来。

阿德勒留下了大量的论文，但其中绝大多数并非他本人亲自撰写，而是由他人整理并出版。

这些著作很多是根据他的讲座笔记或速记报告整理而成的。在整理过程中，编者往往会对原文进行一些改动。不过，阿德勒本人也会审阅这些修改过的稿件。

也有部分著作是根据阿德勒面向不同听众的多次讲座整理而成的，因此多有重复之处。翻译这些著作时，人们经常会遇到内容缺乏连贯性的问题。例如，有时会找不到与"前文所述"相对应的内容。

阿德勒的作品以这种不完整的形式流传下来，确实令人遗憾。阿德勒的老友卡尔·菲尔特米勒表示，虽然阿德勒的作品以这样不完整的形式匆忙编撰、出版，绝不是因为他懒惰或不尊重读者。而是因为他们只有两个选项：要么以这样的形式出版，要么干脆不出版。

菲尔特米勒补充道:"真想深入研究阿德勒思想的人,都会想办法克服这些困难,努力把握作者的意图。而那些想借机批评他的人,总会想方设法找碴儿。"

阿德勒的英语

之前我们提到,阿德勒将工作地点转移到了美国。刚开始,他只收到了几场讲座的邀请,但不久后他就在一天内举办数场讲座了。当然,这些讲座都是用英语进行的。起初,阿德勒不太会说英语,但很快他的英语便到了可以发表演讲的水平,尽管仍然带有浓厚的维也纳口音。

那些听过阿德勒英语讲座的人在听到他的德语讲座后,都表示他的德语讲座更为深入,与他用英语演讲时判若两人。由此可见,用英语演讲对阿德勒确实是不小的挑战。

虽说阿德勒的英语水平并不差，但相较于他流利的德语，确实需要仔细聆听才能完全理解。正因如此，一些对此不满的人以及反对阿德勒的人，常以此为由与他对立。

然而，阿德勒对人性的理解跨越了语言的壁垒。

第二章

育儿与教育

育儿与教育的目标

阿德勒致力于通过教育拯救人类，因此，育儿和教育在阿德勒心理学中占据着核心地位。本书将首先探讨阿德勒对育儿和教育的见解。

阿德勒心理学的一大特征是，它对什么是幸福、什么是健康以及我们应当如何生活的问题有着清晰明确的界定。阿德勒认为，**唯有时刻清楚地认识到我们期望孩子未来成为怎样的人，才能真正教育好孩子，**

否则，我们将止步于解决眼前的问题。

过去，家长和老师常常利用自己的"权威"使孩子屈从，而孩子也将其视作理所应当。这正是教育的一个误区。那时，这种缺乏逻辑的、不合理的育儿和教育方式或许还适用。然而，七十年前，阿德勒就已经写道：

"已经没有哪所学校会要求孩子们将手放在膝盖上静坐，一动也不许动。"

如今，人们是否还和过去一样，期待老师拥有权威，而孩子只需服从？

我曾在电视上看到一位中学老师在接受采访时自信满满地说："现在的中学生，要么压着要么哄着。"从现状来看，这种说法早已不合时宜。我认为孩子与父母、老师的关系应当是平等的，过去的育儿方式和教育方式如今已不再适用。

阿德勒心理学提出了明确的育儿目标，并不断引导着孩子们朝着目标的方向前进。

阿德勒育儿方式在行为方面的目标有以下两点：

1. 自立；

2. 与社会和谐共处。

支撑这种行为的心理目标也有两点：

1. "我有能力"；

2. "人人都是我的伙伴"。

阿德勒心理学认为，行为源于信念。因此，要想实现自立以及与社会和谐共处，就必须培养能支撑行为的信念。

这里的信念是指赋予自我与世界的意义总和，也被称作"生活风格"。这些信念是在人们年幼时形成的——阿德勒认为是在四五岁的时候形成；现代阿德勒心理学则认为是在十岁左右形成的。当然，我们之后也会提到，生活风格并不是固定不变的，只是孩子的信念大致在这个时期成型。

孩子的生活风格是在个人经历中形成的。因此，**父母和老师在与孩子互动的过程中，应当时刻审视自**

己的言行是否有助于孩子发展出恰当的信念。这样，孩子们自然就会明白什么该做，什么不该做。

在生活风格定型之前，孩子会不断试错、反复摸索。他们通过不断体验，摸索出在何种情境下应采取何种行动，进而形成关于自我与世界的信念。

尽管我们有时会感到自己的生活风格不便，但往往又难以改变。这是因为在熟悉的生活风格中，我们更容易预测到接下来会发生的情况。因此，即使感到不便，也不愿轻易改变。

换言之，人们持有不愿改变的决心，只有放弃这种决心，才能改变自己的生活风格。

在这里，我们之所以不说"性格"，而说"生活风格"，是为了消除"性格"这个词蓄含的难以改变的意味。

实际上，人的性格并非不可改变。它是一种风格，或者说一种模式，不像想象中那样难以改变。

阿德勒认为，**生活风格是由人自己选择的，不由**

其他因素决定。关于这个问题，我们将在第四章详细探讨。但这并不意味着你的选择与其他因素无关。在生活风格的形成过程中，存在着各种影响因素。阿德勒将这些因素称作"素材"。他认为人们在这些"素材"的基础上，选择自己的生活风格。[1]

因此，即使父母把培养某种信念作为育儿目标，孩子也未必会形成这样的信念和生活风格。只是在适当的鼓励下，孩子更有可能形成恰当的生活风格。

在这里，我采用了"赋予意义"的说法。阿德勒心理学的一个基本理念是，每个人都有不同的经历和体验。换言之，人们并非生活在一个客观的世界里。我们将在第四章深入探讨这个问题。

拥有**"我有能力"**的信念，意味着**相信自己能凭借自身力量解决生活中的问题**。阿德勒认为，感受到这种能力是构建自信的唯一途径。

1　阿德勒的这一主张被称为"软决定论"（soft determinism）。

育儿心理学的另一个目标是让孩子形成**"人人都是我的伙伴"**的认知。"伙伴"[1]是阿德勒心理学中的一个核心关键词，阿德勒反复强调在成长过程中遇到"伙伴"的重要性。

孩子的第一位"伙伴"通常是母亲。母亲的任务并不仅限于与孩子建立关系，还应当将这种关系进一步拓展到孩子周围的所有人。

阿德勒心理学不认为和母亲关系不好是致命的。孩子即使和母亲、父亲的关系都不和谐，只要能与朋友建立良好的关系就没问题。

这一观点或许与阿德勒本人的经历有关，他与父

---

1 德语中，"伙伴"（fellowmen，Mitmenschen）与"邻居"（Nächster，Nebenmenschen）意思相近，阿德勒经常交替使用这两个词。与"伙伴"相对的是只关心自己、缺乏同理心、以自我为中心的人［利己主义者、敌人（Gegenmenschen）］。"伙伴"试图与他人建立联系（mit），而"敌人"则不与他人产生关联（gegen）。

亲关系融洽，而与母亲较为疏远。阿德勒经常提到娇生惯养的孩子，认为他们的一大特点在于难以挣脱与母亲的关系。而对于弗洛伊德提出的俄狄浦斯情结，阿德勒认为这并非普遍现象，而更多体现在那些娇生惯养的孩子身上。

在人际关系中思考

阿德勒认为，人类的一切烦恼都来自人际关系。

人并非独自生活，而是生活在"他人之间"。也就是说，我们并不是独自生活，而是生活在人群之中。用阿德勒的话说，**"人只有在社会（人际关系）中才能成为个人。"**

如果想要理解一个人身上发生了什么，我们就必须审视他对周围人的态度。我们的言行举止并非发生在真空中，而是指向一个"对象"，我们期待从"对象"处得到某些回应。因此，我们不能把人视为孤立的个体，而是应当在人际关系中考察其行为的意义。

我儿子四岁时，经常不听幼儿园老师说话。每当老师开始讲话，他就会转身面向墙壁。

老师和我说："我每次讲话，他都坐立不安，完全无法集中注意力。"她希望家长能协助解决这个问题。

二年级的时候，儿子突然不写作业了。回家后，他甚至不愿意打开书包。在一次家访中，老师提到了这个问题。她希望了解孩子在家里的情况，并让我指导和监督孩子完成作业。然而，我拒绝了。

我们应当如何看待孩子不听幼儿园老师说话这件事呢？又如何看待孩子不写作业呢？我们可以尝试把孩子看作行为的"对象"来思考。

我曾问幼儿园老师，孩子不听她讲话时，她作何感想。

"老师，您在那时感觉怎么样呢？"

"我很焦急。"

可以看出，孩子的行为引发了作为"对象"的老师的急躁情绪。

"那您通常会怎么做呢？"

"我会问他们，'在好好听我说话吗'之类的。认真听讲的孩子都会坐在我旁边，但其中有几个孩子（包括我儿子）一直坐在教室四周。这很显眼。如果是偶尔这样没问题，但他们一直如此。他们已经上幼儿园很久了，还完全没有办法集中注意力，这样的情况我不能放任不管。"

二年级时，因为孩子总不写作业，老师决定来家访。在家访前，我与老师交流了我前一天去班上听课的情况。我看到黑板上写着"〇月 × 日□□（我儿子的名字）数学"，下面又写着"〇月 × 日□□ 语文"。除了个别其他孩子的名字，从上到下几乎全是我儿子的名字。

"前几天，我去班上听课时，看到在黑板上写着我儿子的名字，请问这是怎么回事？"

"哦，那是为了提醒我别忘了。忘做作业的孩子太多了，我有时记不清谁忘记做了什么作业，就写在黑板上了。"

不过，仔细想想，如果真如老师说的那样，她不必写在黑板上，只要记在自己的笔记本上就可以了。那么，把名字写在黑板上会产生怎样的影响呢？

没写作业名字就会出现在黑板上，老师也会焦急不安，这便是对孩子不做作业的行为的回应。同时，同学们会觉得就算忘做作业也没有我儿子忘得多，对我儿子而言，这更是一种"英雄主义"式的回应。

老师认为，孩子这么做是由于注意力缺失和懒惰，但事实并非如此，我们要从孩子与"对象"，也就是与老师间的交流行为来考虑。

比起"从哪来"，更应考虑"到哪去"

先前提到，父母和老师试图通过责骂和惩罚来制止孩子的不当行为。然而，孩子们往往只会暂时停止这种行为，不久便会重蹈覆辙。

他们之所以不停止，是为了得到家长和老师的关注。如果对以获取关注为目的的行为予以关注，孩子自然会持续该行为，而不是停止。这种将寻求关注视作行为"目的"的观点被称为"目的论"。

阿德勒说，即便是心理学家也很难回答"为什么"的问题。因为有时"为什么"的含义并不明确，当我们问孩子"你为什么这样做"时，往往很难得到满意的回答，即便你问"为什么不听老师说话""为什么总是忘记做作业"，也不一定能得到答案。

当阿德勒问及"为什么做"时，他希望得到的答案是行为的"目的"而不是"原因"。他认为，**人并不是被原因推着走，而是在不断设定并追赶目标**。换言之，他问的是"到哪去"，而不是"从哪来"。

与目的论相对，还有一种更为普遍的观点，那就是"原因论"。比如，认为儿子不听老师说话是因为妹妹的出生让他感到不安，或者孩子不去上学是因为缺乏关爱等，这些都是基于"原因论"的思考的结果。

让我们以情绪为例来说明目的论和原因论的区别。通常，我们会认为是因为自己突然生气才打了孩子，但事实并非如此。

我们不能将情绪视为原因、行为视为结果。**因为我们产生情绪是为了达到某种目的，而不是情绪在主导和支配我们的行为。**很多时候，我们会为了让对方听从我们的意愿而产生某种情绪。例如，我们认为只要生气，对方就会顺从我们，于是"制造"出愤怒的情绪；我们认为表现出悲伤可以博得对方的同情，于是产生了悲伤的情绪。这种情绪并非源于内心，它存在于我们与对方之间。

从原因论来看，人是因为生气才会大吼大叫；从目的论来看，人是为了大吼大叫才会生气。从原因论来看，人是因为焦虑才出不了门；从目的论来看，人是为了不出门才"制造"出焦虑的情绪。也就是说，人们先有了目的和目标，然后采取有助于目标实现的行动，并"制造"出相应的情绪和想法。

我们将在第四章详细讨论目的论和原因论。

行动的目的——获取关注

让我们来举个例子。阿德勒曾在儿童咨询中心为一个孩子提供了咨询。

孩子被母亲带来咨询。据母亲描述，女儿不愿意吞咽嘴里的食物。她会把食物从口腔的一边移到另一边，但不会尝试吞咽。和她一起吃饭的人都会说，"为什么不把食物咽下去呢""不咽下去就没法接着吃"。

听完母亲的描述，阿德勒与其女儿进行了交流。

"你母亲说你只会把食物含在嘴里，不会吞咽，是吗？大家都为此困惑。你知道吗，其实有一个更好的方法能吸引大家的注意，那就是把嘴里的东西吐出来。这样大家都会很为难，以后只会讨论你的事情了。"

孩子听后笑了。

阿德勒的建议目标明确。同样的方法用在别人身上可能不会奏效，但在这里，孩子行为的"对象"是她的母亲，由此便能推断出她行为的目的是获取关注。

行为的目的——权力斗争

在上一个例子中，母亲观察到孩子无法吞咽食物，便给予了孩子高度关注。尽管过程中她可能会感到焦急、恼火，但不会真的生气。孩子便能巧妙地在她生气前博得关注。但如果母亲真的生气了，行为的目的便上升为权力之争，用阿德勒的话说便是

"斗争"。

有些孩子总是穿着鞋爬上桌子，到处乱跑弄脏屋子；在妈妈看书的时候，不停地开灯关灯；在父母想独处的时候大声喊叫；没有得到想要的东西就大发脾气；等等。父母不得不一整天都在旁照料他，一天下来疲惫不堪。

阿德勒认为，**这些孩子渴望"斗争"。他们需要吸引周围人的注意，成为被关注的焦点。**

一个在课堂上向老师扔黑板擦的男孩接受了阿德勒的咨询。这个案例的联系人（阿德勒听了他的描述后与男孩会面）说："校长好几次把他送回家。尽管如此，他也从未停止扔东西。"现在，你应该已经知道，他并不是"尽管数次被送回家"，还要继续扔黑板擦，而是"为了"被数次送回家，他才一直扔黑板擦。

男孩今年十岁。阿德勒很快注意到，与同龄孩子相比，他显得异常瘦小。

"你今年几岁？"

"十岁。"

"十岁？你看起来没有十岁吧。"

男孩生气地瞪着阿德勒。

"那你看看我。我看起来是不是也没有四十岁？"

众所周知，阿德勒是个小个子。他小心翼翼地使用措辞，接着说道：

"'我们'这些小个子（注意他在这里没有说'你这样的小个子'）总是需要证明我们很高大，所以才要向老师扔黑板擦不是吗？"

男孩垂下眼，微微耸耸肩。

"你看看我。我在做什么？"

阿德勒边说边踮起脚尖，随后又放松下来，恢复了原先的站姿。他又重复了一次。

"知道我在做什么吗？"

男孩抬起头。在与阿德勒的一问一答之间，他明白了自己行为的目的。[1]

"我想努力让自己看起来比实际高大一点。我必须比实际上高大，我需要向自己和所有人证明这一点。因此，我必须反抗权威，向老师扔黑板擦。"

阿德勒也在其他地方论证了男孩行为的目的，他解释道：

"我们总能在反叛的、有攻击性的孩子身上看到克服自卑感（将在第三章讨论）的需求。为了让自己看起来比实际上高大而踮起脚尖，他们用这种简单的方式获得成就感和优越感。"

1　阿德勒将"扔黑板擦是为了证明自己高大"这个推论抛向男孩。如果男孩认同，那么这个推论就能解释男孩的行为（as if）；如果他不认同，那么这个推论就是错误的。我们将在第四章讨论这一内容。

如何应对

如果你知道孩子行为的目的是通过挑衅或激怒他人来获取关注，就知道应该如何应对了。然而，如果我们探寻行为的"原因"，情况又会如何呢？

以我儿子为例，他在幼儿园不听老师说话，总是面向墙壁。老师将这种行为的"原因"归结于妹妹出生给他带来的不安以及父母关爱的缺失。

之前提到，阿德勒也曾感受过弟弟妹妹的出生带来的威胁。他之前一直坐在备受关注的"王座"上，而弟弟妹妹的出生使他从王座上跌落下来。

人们常常将孩子出现问题行为的原因归结于缺乏关爱。以我儿子为例，很多人和我说父母必须拥抱孩子。如果不这样做，孩子就会缺乏关爱，之后就会不愿意上学。

然而，在我看来，**孩子出现行为问题往往是因为受到溺爱而非缺乏关爱**。从孩子的角度来看，他们往往渴求被爱，即使得到了足够的爱也始终想要更多，希望父母只爱自己。如果此时拥抱这样的孩子，只会加剧这种溺爱。

事实上，问题并不在于我们是否被爱。我们稍后会讨论这个话题，我想提前指出，仅仅有爱是不够的。

通常，没有父母不爱自己的孩子，但**仅仅靠爱并不能改善与孩子的关系**。良好的沟通不是基于爱而存在的，但在沟通顺利的情况下才会产生爱的感觉。爱不是一种良好的人际关系，而是这种关系发展的结果。

沟通是一门技术。爱是不能学习的，而技术可以学习。

即使我们将问题的原因归结于过去或外部事物，也不能改变这些既定的因素。如果对一个有行为问题的孩子的父母说，他们过去没有给孩子足够的关爱，或者育儿方式有问题，即便确实如此，他们也无法坐上时光机回到过去。同样，在家庭环境等外部因素中找原因，比如把孩子不学习归咎于学校制度、行政体制等，是无法改变事实的。

与之相比，从行为的目的出发思考问题的主要优势在于，我们能清晰地找到解决问题的确切方法。因为目的不指向过去，而着眼未来。阿德勒曾说，**我们关心的不是过去，而是未来。过去已然无法改变，但未来尚可塑造。**目的与我们自身与未来相关，因此无须改变过去或外在的因素。

如果我们关注孩子那些旨在吸引注意力的行为，那么孩子不仅不会停止这种行为，还会愈演愈烈。

我们应该怎么做呢？

不惩罚

阿德勒反对惩罚与责骂。他认为，羞辱孩子或让他们丢脸并不能改善他们的行为。惩罚和说教没有任何益处。

从之前的讨论中我们已经知道，这样应对实际是过度关注孩子的行为。孩子们会认为，即便受到责骂和惩罚，父母和老师也不会放弃他们。因此，他们通常会选择保持当下的行为。

之前，有一档节目以全日本小学生躲避球比赛为题材，拍摄了从预选赛到决赛的全过程。节目中，一位王牌选手腿部受伤，但他还想继续参加训练。当他出现在训练场上时，教练说道：

"你来这里干什么？你是谁啊？"

记者十分惊讶，问道："教练，您为什么这么说呢？"

教练解释道：

"我也不想这么说。但如果不这样，他会误以为我在鼓励他。"

值得一提的是，那届躲避球比赛的冠军团队并未经历教练严格的训练。记者在采访冠军团队时惊讶地发现，孩子们在体育馆练习的时候，教练竟然不在场。经过一番寻找，记者发现教练正在学校的田里犁地。他惊讶地问道："您不在那里也行吗？"

"没事的。就算我不在，孩子们也会自己好好练习的。"教练回答道。

很多人认为惩罚和羞辱能激励孩子，但阿德勒认为，这只会挫伤和夺走孩子的勇气。**惩罚、责骂或是批评都会恶化亲子关系，一边与孩子拉开距离，一边又在特定情况下要求他们改变行为，这是不可能的。**而且，惩罚的效果是一时的。一旦停止惩罚，孩子就可能会恢复不恰当的行为。即使他们停止了不当行为，也可能会一并放弃那些积极的、恰当的行为。

对照之前提到的育儿和教育目标，我们不禁要问：惩罚究竟能否培养恰当的信念呢？实际上，惩罚只会让孩子觉得自己无能，让他们深刻感受到在学校和家庭中缺乏归属感，进而无法在这个世界上找到归属感，他们会觉得周围的人都是敌人而非朋友。

之后我们会提到，归属感是人类最基本的需求。

报复与展现无能

更糟糕的是，当孩子挑起权力斗争，试图与大人就谁对谁错一决胜负时，如果大人赢得胜利，孩子往往不会当面反抗，相反，他们可能会在背后采取不良行为实施报复。面对这种情况，家长更多的感受是厌恶，而非生气。

接下来，孩子会要求家长不要对自己抱有期待。这时，家长每当想到自己的孩子，内心便会充满绝望。

在权力斗争的阶段，当事人尚可设法解决双方的问题。然而，一旦过了这个阶段，如果没有与利益无关的第三方介入调停，那么问题往往难以解决。

关注恰当的行为

我们看到，当不恰当的行为旨在吸引注意时，任何形式的关注都会助长这种行为。因此，我们应避免给予此类行为任何关注。实际上，很多情况下，仅仅面向孩子就已经是在关注孩子了。

值得一提的是，只是停止关注并不能改变现状，反而会使情况进一步恶化。这是因为孩子之前曾得到过关注，哪怕是以责骂的形式，而现在连这样的关注也得不到了。

因此，**一方面，对孩子不恰当的行为，我们不予关注；另一方面，我们又要关注孩子恰当的行为。**这样，不恰当的行为会逐渐减少。因为孩子会发现，恰当的行为也能够让自己获得关注，无须通过不恰当的行为博取关注。

不表扬

然而，关注恰当的行为并不意味着给予表扬。很多人会认为，不惩罚、不责骂，对恰当的行为予以关注，就是表扬恰当的行为。但是，这里说的并不是表扬。

比如，你准备了晚餐。家人回家后，吃了一口后说："真好吃啊。你做饭这么好吃，真厉害。"听到这话，但凡你语感正常，就会觉得有些别扭。

这确实是一种"表扬"。**表扬，是有能力者对无能力者的肯定，是自上而下的评价和判断**。因此，这种评价往往会使处于低位的人感到不舒服。我们将在第三章讨论表扬背后的人际关系问题。

此外，从信念的形成来看，孩子往往会将表扬他们的人视作自己的伙伴。然而，**被表扬的孩子真的觉得自己有能力吗？** 被表扬时，他们确实会认为父母是自己的伙伴，但一旦他们没有达到父母的期待，这种

伙伴关系便可能瞬间瓦解。当他们失败，他们会认定自己没有能力。

勇气受挫

之前提到，阿德勒说，孩子们"为了让自己看起来比实际上高大而踮起脚尖，他们用这样简单的方式获得成就感和优越感"。实际上，问题行为的根源并非缺乏关爱，而是勇气受挫。

阿德勒心理学将这种勇气表述为**"甘于平凡的勇气"**。如果一个人缺乏甘于平凡的勇气，起初可能会努力成为特别优秀的人，但当这一目标无法实现时，便可能转而选择成为特别差劲的人——通过这样的方式，他们也能够轻松地获得"成就感和优越感"。

比如，人们可以通过努力和忍耐来获取关注，也可以通过不听老师说话和扔黑板擦等成功获取周围人的关注。

自卑与自卑情结

阿德勒认为，我们都有摆脱无力状态（指生理意义上的无力，如小孩比成人柔弱）以及追求优越性[1]的普遍欲求。

与追求优越性相对的便是自卑感。阿德勒认为每个人都有自卑感。追求优越性和感到自卑并非疾病，相反，它能激励人们健康、正常地成长与发展。

阿德勒的这一观点并非无懈可击，因为它源于原因论的逻辑——人们想要变优秀是因为主观上有自卑感，是这种自卑感驱使人们行动。因此，阿德勒后来修正了这一观点，将变优秀的目标置于初始位置，而自卑感是追求这一目标可能产生的结果。

问题在于，追求优越性是一种普遍欲求，但变优秀并非人类本质的诉求，而是私人的、局限的。因

---

1 striving for superiority，这里译作"追求优越性"。

此，阿德勒认为追求优越性，尤其是渴望比别人优秀的想法，实际上是一种优越情结；与之相对的是自卑情结，有时自卑情结会被优越情结所掩盖。

优越情结与自卑情结

一次，我去听阿德勒和德雷克斯的学生——奥斯卡·克里斯滕森的演讲。那是我第一次接触阿德勒心理学。讲座的前一天，克里斯滕森先生问我是否愿意担任翻译，我欣然应允。

然而，讲座当天，我完全没有发言的机会，只能坐在座位上，内心忐忑不安。

克里斯滕森在讲座中分享了他的一段经历。

在跟随德雷克斯教授学习期间，教授给他布置了一项作业，让他对比分析阿德勒心理学与其他心理学。就此，他撰写了一份长达二十页的报告。提交报告后，他被德雷克斯教授叫了过去。

"你为什么要写这么长的报告呢？"（按当时作业的要求仅需写两页）

"因为我对比较研究很感兴趣。"

"不，不是这样的。你只是想给我留下好印象。你现在已经够好了，没必要这么做。"

克里斯滕森说，曾经他总渴望与众不同，但自此之后，他的心态变了，学会了像家里年纪最小的孩子那样依赖他人。

其实，在他分享这个故事之前，我向他提了一个问题。当时我用的是英语（我觉得既然没能如约提供翻译支持，至少可以用这种方式弥补），即使我没必要这么做。用克里斯滕森的话来说，我用英语提问，只是想给听众留下深刻的印象。

我很快意识到，他似乎是为我而讲的这个故事，也许他并无此意，但在我看来是这样的。

甘于平凡的勇气

阿德勒认为，普通人没有优越情结，也没有优越感。**那些认为自己必须高人一等的想法，其实源于潜意识里觉得自己比别人差，或者不能接受自己的平凡。**

我有一个年轻的朋友，他违背了父母的意愿，坚持上了高中。中学期间，他打扮得十分浮夸，染头发、剃头发、剃眉毛……有一天他坦言："如果我不这么显眼的话，很难和父母说上话。"

当人们无法接受自己的平凡时，就会努力变得与众不同。"我必须特别优秀……""我必须变得特别差劲……"

我曾努力追求学业上的成功。尽管在其他方面我缺乏自信，但在学习上总是不想认输。这种学习动机显然不纯粹。学习本应是一件快乐的事，但在我的记忆中，它更多时候伴随着痛苦。这是因为我学习的心态导致我十分害怕失败。因此，我也会像克里斯滕森一样，通过超量完成任务来给老师和同学留下优秀的印象。

阿德勒曾提及一个男孩的案例。他有严重的行为问题，以至于他的父亲想把他寄留在学校宿舍。然而不久后，这个男孩生病了，整整一年都卧床不起。他深感父母和身边的人对他漠不关心，自己一直被忽视。直到后来，他真切地感受到有人一直在担心他、关心他，才意识到之前的想法是错误的。感受到爱意的男孩出院后重返学校，变得与以往截然不同，成了一个极具爱心的人。

后来，上文提到的那个在中学时期打扮得很显眼的男孩，毕业后成为了一名园艺工人。他之前从不早起，现在却每天都要早起工作。有一天，一位雇主一直盯着他看。

"你几岁了？""十六岁。""哦……你长得真好看啊。"听到这句话，他意识到，自己不用再追求与众不同了。

鼓励

我们必须思考如何鼓励那些勇气受挫的孩子。之前我们提到，惩罚、责骂和表扬都是不可取的，因为这会让孩子产生"我没有能力""责骂我的人不是我的伙伴"的信念。

困难并不是无法逾越的障碍，而是需要面对并克服的挑战。这个过程确实需要毅力和不懈的努力，但**我们也应当鼓励孩子，帮助他们建立起"自己有能力解决问题"的自信**。那么，该如何引导他们形成这样的认知呢？

关于说什么、做什么才能有效鼓励他人，因人而异，因情况而异。尽管鼓励并没有固定标准，但我们可以遵循一些基本原则。

鼓励不同于赞美，它并非评价，而是分享喜悦、传达心情的一种方式。试着对那些常常被忽视或被视作理所当然的事说一声"谢谢""我很开心""帮到我了"，就是一种鼓励。实际上，很多家长都会忽视这些看似平常的小事。那么，就从对这些被忽视或被看作理所当然的事说一声"谢谢""我很开心""帮到我了"开始吧。

或许很多人觉得这些话难以启齿，有人甚至在说"谢谢"时也会感到尴尬。所以，首先要克服这种羞耻感。

实际上，对方在听到你这样的表达时也会感到不好意思。如果你在日常生活中经常使用这种鼓励性的语言，不久后会发现，孩子们也自然而然地学会了说"谢谢"这样鼓励的话。

鼓励"存在"

也有人会说，根本找不到可以说"谢谢"的情景，自己的孩子一无是处，从早到晚净做坏事。

如果我们只关注孩子特别的举止，他们就会认为自己必须表现得与众不同。那些努力展现特殊之处的孩子，可能会为了听到鼓励的话而变得举止得体；而那些因成绩不佳而无法凸显自己的孩子，也可能会因此停止恰当的行为。因在这种情况下，"谢谢"也变成了之前提到的那种表扬。

站在孩子的角度，他们期待听到类似"谢谢"的表达，但也正因如此，这类语言也可能带来与表扬类似的负面影响。

有时，鼓励会使对方产生依赖。我希望大家能够明白，**我们不需要他人的鼓励，他人的外力作用并不是必需的。**

另外，鼓励在某些情况下是无效的。例如，当孩子行为恰当时，你为了让他保持类似的行为而对他说"谢谢"。这种带着企图心讲出的话并不是鼓励。**鼓励应当是对当下感受的表达，而不是对"下次"的期待。**

为了避免进入这样的危险误区，我们应当关注"存在"本身。我们要尝试告诉孩子，"存在"本身就是一种快乐，这无关他们做了什么。有时，我们会在心中构建出孩子和周围人的理想形象，比如，理想中的孩子应该听话，从不和父母顶嘴。然后，我们会参照理想的标准给现实中的孩子扣分。

我们需要把这样的理想从脑海中驱逐出去，专注于眼前的孩子和人。我们不应参照理想的标准给现实中的孩子扣分，而是应当着眼于他当下的生存状态，**对他的"存在"心怀喜悦与感激**。这样，我们便能积极地看待一切。直言当下的感受便是一种鼓励。

曾经发生过一起悲剧，一所小学有孩子掉进了焚化炉，不幸身亡。当时，我作为家长教师协会的委员，接到了班主任的电话。她让我给班里孩子的家长打电话，确认孩子是否已经安全到家。

"您的孩子今天回家了吗？"这样问需要很大的勇气，因为通常没有人会这样问。

"嗯，已经回家了。"

听到这样的回答，我也不能简单地说一句"哦，好的，十分感谢"便匆匆挂断电话。

因为对方一定会接着问："孩子已经到家了，发生什么事了吗？"

这时，我只能解释道："其实，我们在焚化炉里发现了一具烧焦的儿童尸体，目前还无法确认孩子的身份，所以打电话来确认您的孩子是否安全。"我看不到对方的表情，但即使隔着电话，我也能感受到对方的不安。平日里，家长们总是抱怨孩子早上起得太晚、不做作业、忘带东西、蛮不讲理等等。但此时此刻，家长应该只想着"我的孩子还活着，真是谢天谢地"吧。

我母亲年纪不大就去世了。她生病期间，我住在医院照顾她。那时我还年轻，有足够的精力照顾母亲。只有到周末我会休息两天，让家里其他人代为照顾，下周早上再回到医院。

一直陪在母亲身边，我心里还算踏实，但每周末离开她两天，再回到医院，我便不敢踏入病房了。只有看到母亲依旧如常地呼吸，我才能松下一口气。清晨的病房很安静，平时几乎听不到的呼吸声，在此时格外响亮。"啊，太好了，她还在呼吸。"这便是我当时的真实感受。

首先要区分课题

要想实现"自立"和"与社会和谐共处"的育儿目标，我们要让孩子感受到人人是自己的伙伴，并相信自己有能力。因此，我们需要从两个角度进行思考：一方面要使用鼓励性的语言；另一方面，要鼓励孩子依靠自己的力量解决生活中的问题。

从原则上说，每个人都必须自己解决生活中的课题。阿德勒心理学中采用的表述是"这是谁的课题"。具体是谁的课题，可以根据最后由谁承担责任，或是由谁承担选择的后果来判断。

例如，学习是孩子的课题。与此相对，父母命令孩子学习就是对孩子课题的妄加干涉。肯定无法避免冲突。反之，担心孩子不学习是家长的课题。原则上，我们既不能接替别人的课题，也不能要求别人完成我们自己的课题。因此，出于自己的焦虑而催促孩子写作业的行为是不对的。

然而，在现实中，课题往往混杂在一起，难以区分属于谁。我们有必要解开纠缠不清的线团，冷静地划分各自的课题。这便是"课题分离"。

也就是说，**在对方主动求助之前，我们不应凭借自己的主观臆断，认定对方需要协助而擅自干涉对方。**

共同的课题

"课题分离"并不意味着我过我的生活，你过你的生活。

我们必须自行解决自己的课题，但每个人的能力是有限的，不可能独自解决所有的问题。仅靠自己的力量解决课题并非绝无可能，但有时会十分困难。如果过分执着于依靠自己的力量，很容易陷入困境。

在这种情况下，我们需要寻求他人的帮助，同时，我们也要帮助别人。在家庭中，时常会出现一些需要家庭成员共同解决的难题。在这种情况下，我们应当通过讨论将其划定为共同的课题。

不是所有事情都能成为共同课题。尽管区分课题并不是我们的最终目的，但适当的区分是有必要的。在此基础上，在他人求助时，我们应尽可能地伸出援手，帮助他们解决问题。

之前我们提到，每个人都有责任解决自己的个人课题。至于共同课题，则需要对方明确提出需求，也就是说，双方或多方需要通过讨论将其确定为共同的课题，才能协力完成它。

另外，只有自己无法解决的课题才能成为共同课题。

体验后果

在非共同课题的前提下，我们应该让孩子体验自己的行为带来的后果。

在我家，由于我和妻子都要工作，孩子们回家时家里经常没人。因此，他们每天上学时都会把钥匙挂在脖子上，以防丢失。有一天，我儿子在上体育课时把钥匙取了下来，落在了学校。那天他回家，家里没人，他进不去家了。

这种时候，他本可以去邻居阿姨家里等候。但那天，他选择在大门口待了两个小时。后来，还是他母亲先看到他，但他却毫不沮丧、神采奕奕地说："我已经把作业写完了。"我不清楚他是怎么在家门口写作业的，但从散落一地的资料来看，应该是趴在地上写的。路过的人一定会用异样的眼光看他吧。在忘带钥匙进不去家时他有很多选择，他选择不责怪任何人，通过写作业来消磨时间，让我很惊讶。

后来又有一次，他忘带钥匙了。但他采取了和上次完全不同的解决方式。那天我在家工作，接到了儿子的电话。那是我第一次接到他的电话。

"爸爸，我把钥匙落在学校了。我想你可能在家。"

与上次相比，这次他选择向人借电话，并打电话询问我是否在家。这让我感到他长大了，有了更强大的生活能力。

如果孩子没有向我们求助，我们就主动干涉或提供帮助，孩子就会产生依赖心理，认为无论遇到什么困难，父母都会伸出援手。这样一来，他们就不相信自己有能力解决问题了。

尽管有时候出手干涉和帮助更容易，但我们也不能急于行动。不过这并不意味着放任不管。当事态变得棘手，或让孩子承担后果可能发生危险时，我们必须及时介入。

除了上述自然产生的后果，我们还应让孩子体验学校中的社会后果，例如不提醒他们完成作业等。让孩子体验后果，是为了帮助他们认识到自己拥有的能力，认识到人人都是自己的伙伴。反之，如果某件事可能会让孩子感到无能或与他人为敌，我们就应避免他们体验这种后果。

在本书中，我们不再进一步探讨体验后果的问题。我想强调的是，如果方法不当，体验后果可能会让孩子产生受罚的感觉。这一点必须充分注意。

看护

我知道我无须为孩子忘带钥匙而担心，因为他们已经学会如何妥善应对。但一天早上，我发现他并没有像往常一样把钥匙挂在脖子上，我忍不住开了口。

"你好像没带钥匙吧。"

他回答道："爸爸，你不必为这种事担心。"

后来我得知，他在书包底部放了一把备用钥匙，以备不时之需。

还有一次，朋友和我分享了一段经历。她的女儿是一名中学生。有一天，女儿哭得很伤心，似乎在学校发生了什么不愉快的事。朋友难免担忧，但他们家并不习惯默默观察对方的情绪并提供帮助。

她问："有什么妈妈能帮你的吗？"

女儿回答道："嗯……妈妈，你放心好了。"

第二天，她女儿恢复了元气满满的状态，和母亲说："昨天我和朋友吵架了，很难过。但今天我们和好了，真是太好了。"朋友说，这种事她帮不上任何忙，看到女儿能自己解决问题，她感到很欣慰。

我年轻时没有考过驾照，直到三十八岁那年，才下定决心考取了驾照。其间，我三次考试失败，历经了重重困难。

在最后一次道路考试中，我在一条狭窄的道路上向左转，驶入宽阔多车的道路。当时，一名行人已经穿过马路，我判断安全后便开了过去。就在此时，一辆自行车突然冲到我面前，差点就撞上了。我本能地踩下刹车，但考官也把脚放在了刹车上。"咯噔"一声响，我心想这次又失败了，随后便心情低落地继续驾驶。

实际上，当时的考官并没有踩下刹车。如果考官踩了刹车，考试会立即中止。我回到驾校查看结果，才发现自己竟然通过了。

考官评价道："当时的情况确实很危险，但是你并没有踩油门，而是缓缓地向前移动（自动挡的车在不踩油门也不踩刹车时，会慢慢前进）。你从左边可能看到我把脚放在了刹车上，但我没有踩下去。"

从育儿的角度来看，**"不关注"意味着做好在必要时踩刹车的准备，但绝不能提前踩下刹车。**你是否也曾在事态尚未严重时就过早地踩下了刹车呢？

温和而果断

我们已经了解到，阿德勒心理学在育儿方面既不提倡奖赏恰当行为的溺爱型教育，也不赞成容忍不恰当行为的放任型教育，更不推崇通过惩罚来制止不当行为的"斯巴达教育"。

前面说到有位中学老师说过，现在的中学生，要么压着要么哄着。但阿德勒心理学反对这两种方法。

我们不能用武力压制孩子，而应当耐心地与他们讨论，这便是我所说的"温和"。另一方面，在区分课题之后，如果孩子能自己解决问题，我们要避免不必要的干涉，这便是"果断"的含义。

第三章

横向关系与健康人格

平等的横向关系

目前，我们已经了解了阿德勒心理学育儿和教育方面的概况。在传统的育儿和教育观念中，人们总是试图用武力压制孩子，或者替孩子背负属于他们的课题。现在，试着思考一下，这种行为背后的想法。我们将从思想层面（第三章）和理论层面（第四章）来考察阿德勒育儿理论的基础。

有一次，我听到一段中学生与老师的对话。当时，他们正在一段修学旅行中。学生们按照自己制订的计划分组行动，同校的一位老师在途中陪同。老师和学生要在不同的车站下车。

"你们要在 B 站下车，也就是 A 站的下下站。知道了吗？"

"好的，知道啦。"

老师提醒因旅行而兴奋不已的学生保持安静，老师的声音比学生的还大。

"老师，刚才你为什么发火呢？"

"这种时候，对讲不通的学生，只有这一种办法。"

"老师，你因为这种小事发脾气……"

老师并没有接话。

老师到站时，再次强调："好了，老师要在 A 站下车了。你们要在 B 站下车，也就是下下站。千万别搞错了。"

这段对话给我的感觉是，老师没有把学生视作平等的伙伴。他没必要反复提醒学生在哪个站下车。我们有理由相信，即使学生们迷路了，也有能力自己解决问题。

老师明确表示，对讲不通的学生只能使用暴力，反映了他与孩子的关系结构。我们会在后面讨论这点。这位老师真的努力用语言表达想法了吗？如果确实如此，他使用的语言又是否恰当呢？

通过沟通解决问题

我经常居家办公，因此傍晚时常能碰到孩子们的朋友来家里玩。

有一天，儿子的一个朋友来家里玩。我无意中听到了他们的对话。他们在谈论一个朋友，据说那个孩子经常和老师以及周围的朋友吵架，十分蛮横，让他的父母很是为难。

"某某看起来很强大，但我觉得那并不是真正的强大。"

"嗯，我也这么想。"

"那真正的强大是什么呢？"当时我在旁边，很想问他。

我儿子从未在被伤害后报复别人。一次，他去劝架，被打得鼻青脸肿地回来了。

那天，他向我展示了身上的伤。

"今天我赢了，我没有哭。"他略带得意地说道。

阿德勒认为，应当通过沟通而不是武力来解决问题，这一点至关重要。**孩子们应当从亲身经历的事件中学习，而不是仅仅是听从父母的教导。**

我儿子上小学不久，就被人打伤了，两个鼻孔都流了血，引起了不小的麻烦。对方家长给我打了电话，班主任也和我说明了事情的经过。看到孩子受伤，我心里自然不是滋味，但我很庆幸他没有伤害别人。

后来，打伤我儿子的学生的家长打电话向我道歉。我说，幸好伤得不重，请不要因为今天的事责骂或惩罚孩子。对方家长很惊讶。试想，如果父母殴打孩子，并对孩子说"你真不是个东西，竟然打你的朋友"，孩子会学到什么呢？他们会学到，武力是解决问题的唯一途径。

阿德勒反对一切形式的惩罚。我希望孩子们能憎恨打骂或惩罚他们的大人。这样，他们长大后就会下定决心，绝不打骂和伤害别人。当然，其中也有一些人在挨打后醒悟过来，转而感谢对方，但这些人之后可能也会出现同样的行为。

一位中学老师在上任的第一天，就遇到一名学生冲着自己喊"你碰到我女朋友的胸了"，还被他突然踹了一脚。那位老师说，自己一时间都不知道发生了什么。虽然并不是每个孩子都会受到影响，但我们可以想象，孩子往往是在他人的示范下学会使用暴力的。

责骂和惩罚的确很容易，也确实能在一定程度上制止孩子的不恰当行为。然而，基于上述原因，在育儿、教育以及任何形式的人际交往中，我们都不应依赖暴力手段解决问题。

做到这一点并不容易。很多人觉得冲孩子吼一嗓子就能解决问题，不必耐心去解释与引导，但这种方式的副作用很大。阿德勒心理学认为，**即便耗时耗力，我们也应当通过沟通来解决问题。**

人们之所以从一开始就不愿沟通，是因为认定通过语言沟通无法解决问题，就像那位对学生发脾气的中学老师一样。我们会在第五章提到，阿德勒认为人与人无法互相理解。在这个前提下，沟通成了解决问题的唯一途径，这与从一开始就放弃沟通的想法形成了鲜明对比。

另外，我们还要认识到，**不愿通过沟通解决问题往往基于一种假设，即对方不如自己，即使说了对方也无法理解。**

竞争与纵向关系

在第二章中我们提到，阿德勒心理学既反对惩罚与责骂，也反对表扬。这并非只是语言表达的问题，更涉及人际关系的结构。其实，表扬这一行为往往体现了一种"纵向"的人际关系，即表扬是有能力者对无能力者自上而下的评价与判断。

然而，阿德勒心理学认为，纵向关系是破坏心理健康的罪魁祸首，因此他提倡建立横向的人际关系。与表扬不同，鼓励便是以"横向关系"为前提的。只有在横向关系中，我们才能真正鼓励他人。因为此时，人与人处于平等的横向关系，小孩也不例外。

当我们倾向于用武力解决问题时，实际上是将对方置于比自己低的位置，也反映出一种纵向的人际关系结构。

那么，什么是平等的横向关系呢？

琳达·施切尔曾提到雅各阶梯的故事。她说，我们不要认为，天使位于最高的阶梯，而可怜的雅各身处最底层。**其实我们都生活在一个水平面上，从不同的起点出发，带着各自的目标前行。人与人之间没有高低贵贱之分，只有先后之别。人们互相协助，作为一个整体共同进步与发展。**

故事中的阶梯很窄，无法同时容纳两个人。如果想爬上去，只能将上面的人推开。在那里没有所谓的合作，想要攀登或登顶的人必须想方设法把别人推下去。

施切尔认为，事实并非如此。我们在同一个水平面上行走，没有高下之分。每个人都有自己的起点、道路和目标。我们可以按照自己的期望和能力决定自己行走的速度，想走多快就走多快，想走多慢就走多慢。

成人与儿童，教师与学生的角色有所不同，但彼此没有高低贵贱之分。这并不是说人人都"一样"，每个人所拥有的知识和经验会有差异（但也只是一点），所背负的责任也有所不同。

因此，举例来说，如果要设定宵禁，那么成人和儿童都必须有宵禁，只是时间有所不同。这样，尽管儿童和成人存在差异，双方也是平等的。如果只有儿童有宵禁而成人没有，那便是区别对待。

我在大学教授希腊语。每年，我都会选择一本教科书。有时，学生会反映："老师，这本教科书的练习不够多，我们能不能换另一本呢？"面对这种提议，我大概率会拒绝。因为作为希腊语的专家，我必须为学生选择专业且适合教学的教科书，在这一点上我不会让步。

然而，对上课方式，我却愿意和学生进行讨论。我们可以共同协商，决定上课是以讲座为主，还是以学生发言为主。虽然教师和学生并不"相同"，但作为人而言是"平等"的。

施切尔用"进化"一词来描述人类作为一个整体所历经的道路。在进化的过程中，人并不是向"前"或是向"上"前进。我们并肩走在一条宽阔的道路上，谁走在前、谁走在后并不重要，之间没有优劣之分。

可能大家很难想象雅各的阶梯，用芥川龙之介的《蜘蛛之丝》阐释会更加形象。犍陀多紧紧攥着从天而降的银色蛛丝，想要从地狱爬到极乐世界。爬到高处时，他低头看到成千上万的罪人都沿着细丝爬了上来。负担一人都岌岌可危的细丝，怎可承受如此重负？于是他怒吼道："这根蛛丝可是我的！"就在这时，细丝"噗哧"一声突然断裂。佛世尊目睹了这一切，见此结局面露悲悯之色，转身离去。

如果人们相互竞争，最终只会共同坠入地狱的深渊。在纵向关系中，竞争是不可避免的。每个人都想向上攀登，不愿居于下位。在这种竞争中，一人胜利意味着另一人失败，总体而言便是得失相抵。

与此相反，有些人不追求上位，乐于居在下位。寻求夸奖的孩子以及在上级面前过分谦卑的人便是如此。他们试图向自己和他人证明，即使不站在最顶端，他们也依然比那些与自己不同、无法获得夸奖的人更为优越。

在竞争常态化的社会中，职责的差异往往表现为上下级关系。对那些习惯竞争的人而言，要想理解职责的差异和人的上下级关系不是一个概念，可能并不容易。

我们应当停止竞争，作为平等的个体相互协作，共同创造积极的整体成果。**只有建立起这样的横向关系，育儿技巧才会生效。**如果缺乏这种平等的横向关系，所有的育儿技巧都将失去效力，甚至变得有害，因为它们很可能成为控制孩子的手段。遗憾的是，很多人学习阿德勒心理学就是为了控制他人，比如孩子和学生。

成年人肩负着管教和教育孩子的责任，但在此之前，还有一些事情必须要做。从生物学的角度来看，人类出生前后需要父母保护的时间远超其他动物。问题在于，即使人类不再需要父母保护，也会继续寻求父母的庇护，不愿独立。另一方面，虽说我们必须学会独立，但仅凭自己的力量是无法生活的，我们必须依靠他人的协助。遇到能自行解决的困难，我们应独立应对，绝不依赖他人；而遇到无法独自克服的困难，向他人求助则是明智之举。相应地，我们也应在他人需要帮助时伸出援手。

只有在平等的横向关系中，我们才能互相帮助、互相协作、互相鼓励，而在任何其他类型的人际关系中，真正的帮助都难以实现。在他人没有求助的情况下指手画脚，只是为满足自己的优越感，而没有平等地看待对方。横向关系的概念理解起来容易，实践起来却很难。我们面对一个人时，总会不自觉地判断他高于自己还是低于自己。

有人在听到不能表扬别人后，仍对在场的一个小孩说："你真聪明。"我随即指出，她是在表扬别人。她反问道："我可以表扬孩子吧？"我感到十分惊讶，回答道："如果换成是我，我不希望你评价我的孩子。"她接着问："那么孩子几岁的时候可以表扬他们呢？"

我解释道："这与年龄无关，对几岁的孩子都是一样的。表扬是自上而下的表达，我们不应该这样和孩子说话。"

不仅是和孩子，有时和老人交流时我们也会采用自上而下的方式。一天，我送女儿去幼儿园，由于比平时晚了一些，我们听到了一段之前从未听过的广播。有位老师每天早上都会和父亲一起前往幼儿园，大约一个小时后，日托所的大巴会来接老人。之前，他总是独自在家中等候，而现在选择来幼儿园度过这段时间。那天，我把女儿送到幼儿园后，接老人的巴士到了，广播中传出："爷爷，快出来……巴士来了哦。你在哪里呀……"怎么能这样说话呢？如果面对的是一位有社会地位的老人，我们绝不会用这种方式和他说话。

我母亲脑梗和肺炎并发住院时，陷入了意识不清的状态。当时，有一位护士过来和她说话。她大声呼唤母亲的名字，并说道："喂，该知道的都知道了吧。"

听到这句话，我心里很不是滋味，感觉她根本没把我母亲当人看。

从众多与阿德勒相关的故事中，我们能看出，他很容易与孩子和年轻人建立起平等的横向关系。

有一天，在火车上，一个五岁的孩子显得焦躁不安，随后便开始放声大哭。年轻的母亲束手无策，只能和孩子说不要哭了，但似乎并不奏效。于是她威胁着要打孩子，孩子听后反而哭得更厉害了。

这时，阿德勒向孩子展示了手中的玩具马。孩子很快被他吸引，立刻安静下来。

看到这里，孩子行为的目的已经很明确了，他显然是个"斗争的孩子"。我们看到，与那位母亲不同，阿德勒非常平静地对待孩子，并与他耐心交谈。如果仅仅因为孩子年幼就威胁他或责骂他，情况只会越来越糟。

阿德勒充分尊重年轻一代，并对他们寄予厚望。一天，他的女儿努力调试着收音机，想要收听英国的广播。由于杂音太大，几乎不太可能听到。阿德勒告诉她，调到英国台很难。女儿没有听他的话，坚持继续调试，突然，收音机里传出了英语广播的声音。

阿德勒说："这对我来说简直是一个不可思议的奇迹，但对下一代而言却是再正常不过的事情。"

有一天，德雷克斯（阿德勒的弟子）与他的学生克里斯滕森进行了一次公开的心理咨询。上午由克里斯滕森的老师德雷克斯负责，下午则由克里斯滕森主导。咨询结束后，一位听众提了一个问题。他问道，听了上午和下午的咨询，为什么明显感到克里斯滕森的咨询更为优秀呢？听到别人说自己的咨询做得比自己的老师好时，克里斯滕森感到十分不安，然而，德雷克斯却相当平静。

德雷克斯回答道："那是因为克里斯滕森的老师教得比我的老师好。"

勋伯格（1874年出生于维也纳，与阿德勒生活于同一时代）以十二音体系闻名。他的《升F小调弦乐四重奏》和《室内交响曲》在维也纳首演，由于作品风格过于新颖，引起了巨大轰动。演奏现场充斥着尖锐的口哨声和愤怒的叫喊声。听众们大声地拖动椅子，许多人愤然离席。

据说，马勒当时也在场，他站起来呼吁大家保持安静，并一直欢呼鼓掌，直到最后一个反对的人也离开了现场。然而，马勒坦言：

"我不懂他的音乐。他还年轻，也许他是对的。可能我年纪大了，已经欣赏不了他的音乐了。"

阿德勒认为，在人际交往中，如果能保持横向的关系，我们就不必努力让自己看起来很优秀。在横向关系中，我们无须踮起脚尖展现和炫耀自己的优越性。而当我们觉得必须要证明什么的时候，往往会过犹不及。

大提琴家马友友在接受采访时说，即使在正式演出前，他也可以十分放松，因为他已经老了，不必再证明自己很优秀。

自我接纳

之前提到，阿德勒心理学认为，纵向关系是损害心理健康的罪魁祸首。接下来，让我们结合育儿目标以及接受平凡这两方面，来看看心理健康意味着什么。

阿德勒认为，心理健康的关键要素之一在于接纳自己。他说，**"重要的不是被给予了什么，而是如何利用被给予的东西"**。"自我"这个工具有别于其他工具，是无法被取代的。"自我"有特定的习惯，而重要的是如何使用它。为此，你必须喜欢上"自我"，用英语来说就是接纳（accept）自己。

因此，我们要接受当下的自己。克里斯滕森说，德雷克斯曾告诉他"无须表现得与众不同"：

"接受当下的这个自己吧。听了我的话的人，从此刻起就能够获得幸福。而做不到这点的人，将永远无法获得幸福。"

不得不承认，对这番言论，我颇有异议。在此之前，我一直认为心理学只是哲学的一个分支，从未想要深入学习。而这次，我对第一次听闻的阿德勒心理学产生了兴趣。

作为一名哲学家，我一直在思考"幸福是什么"的问题。但我意识到，我好像从未思考过自己如何获得幸福。"幸福是什么"是哲学中的重要课题，哲学家们围绕这一课题，字斟句酌地展开了严谨的辩论。然而，身为哲学家的我也许并不幸福。

正如克里斯滕森所言，获得幸福也许是一件格外简单的事。为什么我没有得到幸福呢？之前提到，莉迪亚·吉哈在看完阿德勒的著作后，不禁感慨世界竟如此简单。也许确实如此，但为什么我没有感受到呢？那是因为我们赋予了世界复杂的含义。吉哈说，只要我们停止这种无谓的复杂化解读，便能置身于"人间天堂"。

第二章中提到，阿德勒认为，每个人都有不同的经历和体验，我们并非生活在客观的世界，因为人们通过自己的兴趣爱好来解读世界、认识世界。然而，在第四章中我们会看到，有些人可能觉得这根本不是天堂，因为我们要严肃地对自己的所作所为负责。

回到刚刚的话题，德雷克斯对克里斯滕森说，"现在的你已经够好了"，意思是接受当下的自己，但这并不是说对现实的自己视而不见。我们将在第五章提到，阿德勒心理学绝非拒绝面对现实、一味美化自己的乐天主义。

米开朗琪罗的大卫像广为人知。据说当时用于雕刻大卫像的大理石上有一条很大的裂缝。此前，没有人关注过这块石头，但米开朗琪罗却从这块大理石中创造出了大卫。如果当时米开朗琪罗关注的是这块石头的缺点，就是那条裂缝，大卫像绝不会诞生。那条裂缝反而使大卫像栩栩如生，这也可见米开朗琪罗视角之敏锐。

因此，与其改变自己，不如改变看待自己的方式，或者说从不同的角度来审视自己。

克里希那穆提曾这样说道：

"你是否注意到，父母和老师经常告诉你，必须在人生中有所成就，必须像叔叔和爷爷一样取得成功。但教育的目的，是帮助你坚守自我，而不是从小开始模仿他人。"

与此相反，社会往往试图通过育儿和教育将理想形象强加于人。它引导孩子跟随伟人的脚步，去"成为"某种人。然而，这种理想的形象是虚构的，**真正存在的只有"当下真实的自己"**。不喜欢真实的自己，便无法获得幸福。

"要知道，丑陋或美丽，羡慕或嫉妒，都是真实的你。保持真实非常困难。因为你往往会认为真实的自己是卑劣的，试图将其变得高尚。但事实并非如此。我们要去发现和理解真实的自己，只有在理解的过程中，转变才会发生"。

第一章中我们提到，改变生活风格并不像想象中那么难。虽说如此，但要让一个性格内向的人一夜之间变得开朗活泼，也绝非易事。如果一个人自认为不善交际，又被人贴上"阴暗"的标签，他便很难接受自己。

在这种情况下，我们可以尝试转变看待自己的方式，正如阿德勒所说，重要的是如何利用被给予的东西。另外，我们也可以对他人伸出援手，引导他们改变对自己生活风格的认知。

例如，对"阴暗"的标签，你可以引导他们这样思考："你并不阴暗，其实你很善良。因为你总是顾及别人的感受，避免伤害别人。"这样，生活风格这个"抽屉"上的标签，就由"阴暗"变成了"温柔"，生活风格的内容也随之发生了转变。

他者信赖

仅仅接纳和喜欢自己是不够的。

如果你将周围的人视作敌人，觉得他们一有机会就会攻击你，那么即便你能自我接纳，你的生活风格也是不健康、不快乐的，因为你会时刻感受到与人为敌、身处险境。你会感到人们不是自己的朋友，甚至消极地认为，如果你不在场，人们会相处得更加融洽。

一位朋友与我分享了他的童年回忆。在阿德勒心理学中，这种具有特定情境、发生在某天某地的记忆被称作"早期回忆"，它有时可以用来判断一个人的生活风格。

当时，路上游荡着许多流浪狗。朋友的母亲对他说，如果跑，狗一定会追上来，看到狗千万不能跑。

"有一天，我和两个朋友一起散步，一只狗迎面走来。我听从了母亲的建议，站在原地一动不动，而我的朋友们立马跑开了。"

结果如何呢？这位朋友的腿被狠狠咬了一口。

自此以后，他觉得这个世界充满危险，走在路上担心被车撞，在家担心飞机坠毁，在报纸上读到关于疾病的新闻也担心自己被传染……他的生活中充满了这样的担忧。

然而，有一天他听到了一个故事，讲的是如果不能信任别人就无法获得幸福，这唤起了他早已淡忘的记忆。

"其实，被狗咬只是整个故事的一部分，我想起了之后发生的事情。当时，一位陌生的叔叔骑着自行车，载着我去了附近的医院。"

为什么他能想起这段已经遗忘的记忆呢？当他觉得世界很危险时，并不会想起这段记忆。然而，**世界并不危险，周围的人也不是敌人，而是支持和帮助自己的人**，当他意识到这点，能支撑这一点的记忆便被重新唤醒了。

他者贡献

仅仅接纳自己和信任他人也是不够的。如果你觉得周围的人都很好，唯独自己一无是处，也无法获得幸福。在接受他人帮助的同时，我们也应当回馈他人，给予他人帮助。

有些孩子被教导"只考虑自己就够了"。因此他们只关注自我，将外界视为难题，将他人视作敌人。这样的孩子不会试着调和自己与周围人的关系。然而，我们反复提到，社会中除了自己，还有我们的伙伴。如何看待伙伴，正是阿德勒心理学强调的根本问题。

在第二章中我们提及，母亲的职责并不仅限于与孩子建立关系，还应当引导孩子将这种关注拓展到与伙伴的交往中。如果无法将孩子的关注延伸到伙伴身上，孩子便只想与母亲有所关联。这样的孩子往往只关心自己，无法为他人着想。

我希望孩子能将他人视作伙伴，学会与伙伴和谐相处，并愿意为伙伴付出。当然，这并不是强迫他们进行自我牺牲。阿德勒将那些为他人牺牲自己人生的人称作"过度适应社会的人"。"给予"的确是一种重要的品质，但也要适度。

如果我们总认为只有做出一些特别的事才算有所贡献，那么贡献就会变得异常困难。我希望你们能感受到自己的贡献，有时贡献是无形的，不会立竿见影地出现，**因为你的存在本身便是对他人的贡献**。我希望你们意识到，自己的行为与整体相关联，自身对整体是有影响的。

阿德勒建议，当一个人难以将他人视作伙伴，时常感到过分紧张时，可以试着让他成为派对的主角，和朋友一起度过愉快的时光，或是让他试着关注朋友的兴趣爱好等。有些人在人际关系中无法自洽，认为没有人能让自己快乐，只期待被动接受。上述这些体验或许能转变他们的想法。

关于孩子，我认为他们力所能及之事父母不应代劳。**剥夺孩子完成任务的机会，会让他们失去自己有能力、有贡献的信念。**只有凭借自己的力量取得成就，他们才能建立起自信。

阿德勒也持相同的观点。有一次，阿德勒路过一户人家，看到客厅里有个五岁的男孩把玩具散落一地，家里几乎无处落脚。正当母亲准备责骂他时，阿德勒走过去对男孩说：

"你把玩具摆放得很好。你可以把它们收拾得很整齐，不是吗？"

不到一分钟，男孩便把玩具收拾好了。

对老人，阿德勒同样持这一观点。如果一个老人觉得自己不再被需要，他会变得过分迁就，不拒绝孩子的任何请求（但另一方面，这也会导致他过分关注孩子，成为一个严厉的批评家）。老人时常感受到边缘化的悲哀。因此，"不要劝说六十岁、七十岁，甚至八十岁的老人停止工作"。

这些条件缺一不可

自我接纳、他者信赖和他者贡献，三者缺一不可。想要接纳自我就必须为他人做出贡献，而想要做出贡献则必须信任他人。

在育儿心理的层面，我们追求的"我有能力"的目标，实质上是指当下的自我接纳。当我们感受到自己的能力时，便是接纳了此刻的自己。这个能力并非仅指利己的能力，也包括利他的能力。

人们通常不愿为自己不信任的人提供帮助或做贡献。而若想获得幸福，前面提到的三个条件缺一不可。

为他人着想

我们刚刚看到，为他人着想，而不是只考虑自己，是健康生活风格的一个重要要素。

据报道，当美国人被问及为何必须在红灯前停车时，百分之七十的人回答"不然会被警察抓"。我们可以将这个问答看作赏罚教育的结果。

百分之二十五的人回答"因为我会受伤"。不知道这个回答是否比上一个好一些，但它依然带有自我中心的色彩。只有百分之五的人回答说："不仅我会受伤，还可能伤害到其他人。"

健康人格和幸福生活的一个重要条件是，能够思考当下的情况对其他人而言意味着什么，是好是坏，并思考自己如何做出贡献，而不是优先考虑自己的得失。

这样，我们便能为他人着想，而不再总是以自我为中心。我们能感受到他人给予的支持，并在与他人的连接中做出贡献，与他人互相依存。这并不是在标榜自我牺牲的生活风格，而是意识到自己也能为他人做出贡献……我想，这便是阿德勒所说的"共同体感觉"。这个概念在阿德勒派的学者中引发了广泛讨论。

阿德勒心理学认为，人们的根本愿望是"归属"，是被某个共同体所接纳。这需要我们主动地获取接纳，而不是什么都不做，被动地等待接纳。实现这一目标有许多方法。前面提到过一些不健康的做法，例如努力证明自己优秀以及吸引他人注意等。

这里所说的"共同体"，是指个人所属的家庭、学校、职场、社会、国家、全人类等所有集团，是指涵盖过去、现在、将来的全人类，以及生物与非生物的全宇宙。阿德勒将其称为"无法实现的理想"，即这样的社会不可能存在。

阿德勒心理学绝不是适应社会的心理学。阿德勒指出，社会制度是为个人服务的，而非要求人类为其服务。阿德勒承认，个人必须拥有共同体感觉才能得到救赎。传说，强盗普洛克路斯忒斯拦住过路的旅人，强迫他们躺在自己的床上。如果他们的身体比床短，就把他们拉得和床一样长；如果身体比床长，就把长出床的部分砍掉，然后杀害他们。正如这个传说一样，我们并不能强迫个人躺在社会这张床上。

这不是强调社会共识和常识的重要性。因为这些社会共识和常识可能是错误的。之前提到，我们并非生活在客观的世界里，而是处于自己构建的世界中。每个人对世界的解读都是独特的，我们无法断言其中哪个是正确的，哪个是错误的。

当然，我们并非一个人独自生活，我们的生活与整体紧密相关。因此，阿德勒反复强调，完全私人的解读（个人感觉）并不重要，更重要的是共享作为普遍判断的"常识"。

常识不等于常理，我们可以用"共同体感觉"这一术语来理解。阿德勒认为，比起纠结于是否遵循社会常识，我们应当考虑更大的共同体。因此，有时我们不得不对既存的社会共识和常识断然说不。事实上，许多阿德勒主义者（阿德勒心理学的学徒）在面对纳粹时，坚决表达了反对，哪怕这种表态意味着死亡。因此，许多阿德勒主义者在集中营里丧生。

阿德勒认为，这种共同体感觉是拯救人类以及检验心理健康的唯一有效途径。

当今，价值观日趋多样化，划定共同体的危险性也日益凸显。提出共同体概念时，难免出现个人被迫适应社会的问题。以共同体的名义行事，可能重蹈普洛克路斯忒斯之覆辙，其危险性不容小视。不要认为这只是一种虚构的假设，我们应时刻警惕社会常识的压迫以及冠以合作之名的强迫。在我看来，被强制的贡献和信赖无异于法西斯主义。

谈到共同体感觉与合作时，有人问阿德勒："可是，没有人会对我感兴趣，不是吗？"阿德勒的回答简单明了：

"这必须由某一方发起。如果他人不合作，那与你无关。我的建议是，必须由你发起，无须考虑他人是否合作。"

阿德勒清楚，共同体感觉不能强加于人，他深知将自己的经验强加于人的危险。

我将在本书结尾（第五章）中提到，我一直认为，共同体和人类的界定不能脱离眼前的个体。共同体是个体的集合，脱离个体思考共同体的概念是没有意义的。

从鼓励的视角来看，如果我们能够帮助孩子在家庭和学校中感受到归属感和贡献感，或许能让他们产生对更大的共同体的归属感和贡献感。然而，突然提及人类和宇宙这样的概念是没有意义的。

如果我们否认常识（共同体感觉）的存在，只承认个体感受或主观事实的存在，那么便会陷入完全的无政府状态。为了避免这种状况，我们必须考虑常识的作用。然而，将常识视为一种基于多数表决原则的共同体感觉也是十分危险的。

因此，我们不应将社会适应和共同体感觉作为判断标准。在第四章中我会提到，我们应该将"善"和"幸福"同样视为社会性判断标准，这两样美德不仅是一种个体感受。

这里的"善"也并非仅指"正义"，而是有益和有用的意思，是一个广义的概念。因此，将"善"作为判断标准，我们便能够思考社会适应和共同体感觉是否能带来幸福，从而避免强加的固有价值的危险。

目的论与课题分离

希腊哲学与阿德勒

为了理解为何将"善"和"幸福"作为判断标准，我们将从希腊哲学的视角出发，探讨阿德勒心理学的基本前提——认知论（我们生活在我们所建构的世界中）和目的论（比起"从哪来"，更应考虑"到哪去"）。目的论和原因论并不是阿德勒时代的产物，希腊哲学很早便有所涉及。因此，提及希腊哲学或许能为我们深入剖析阿德勒心理学提供有益的视角。

关于目的论，我希望大家能理解什么是站在目的论而非原因论的立场看待问题，并且能认识到这对我们的生活风格有怎样的意义。

将"善"与"幸福"相提并论是有原因的。因为这里的"善"，并非指价值观念上的善，也不是正义的意思。

在柏拉图的对话录《斐多篇》中，有一处文字清晰地解释了目的论和原因论的区别。对话录中的人物苏格拉底因被指控不信城邦诸神、自创新神以及毒害青年而被判处死刑。由于特殊情况，死刑推迟了一个月执行，在此期间，他的弟子们每日清晨前往监狱探望他。

按当时的惯例，通过贿赂狱卒逃亡海外并非不可能。然而，苏格拉底拒绝了弟子们的越狱提议。他向弟子们解释了自己拒绝越狱，留在狱中的"原因"。苏格拉底年轻时对自然哲学很感兴趣，但他发现自然哲学很难解释他留在狱中的"原因"。

苏格拉底说，从自然哲学的角度可以这样解释他留在这里的原因：

"我现在坐在这里，是因为我身体里有骨头、有筋，骨头是硬的，分成一节一节，筋可以伸缩，骨头上有肌肉，筋骨外面包着一层肌肉和皮肤，一节节的骨头是由韧带连着的，筋一伸一缩使我能弯曲四肢；这就是我弯着两腿坐在这里的原因。"

用身体的状况来说明留在狱中的原因，苏格拉底并不满意这样的解释。他继续说道：

"假如我认为我承受雅典城的责罚并不合适，并不高尚，最好还是逃亡，那么，我可以发誓，我的骨头和我的筋，早把我带到墨伽拉或维奥蒂亚去了。"

他这样解释自己被囚禁的"原因"：

"雅典人下了决心，最好是判我死刑；我为此也下定决心，我最好是坐在这里，我应当待在这里，承受雅典人判处我的任何刑罚。"

这便是苏格拉底所谓的"真正的原因"。

我们不能用身体状况来解释苏格拉底等待死刑而非越狱的原因。诚然，如果他不具备自然哲学家所描述的身体条件，他便无法留在狱中，但这只是"次要原因"，而非"真正的原因"。"真正的原因"才是必要条件，脱离它原因便不复存在。

"真正的原因"是善，也就是苏格拉底认为留在这里是一种"善"。相反，如果他觉得越狱才是"善"，在相同的情况下他也会选择立即离开。

接下来，让我们用亚里士多德的观点来解读这一事件。柏拉图只关注到"真正的原因"和"次要原因"，亚里士多德则考虑了四种原因。让我们以雕像为例来进行说明。

第一，雕像离不开青铜、大理石和黏土。因此，青铜、大理石和黏土是雕像的"质料因"。第二，雕像必须由雕刻家制作完成，这便是"动力因"。第三，"形式因"。雕刻家在创作时通常会参照一个模型，这个模型有时是人，有时是物，即使没有具体的模型，至少也要在脑海中构思出想要创造的形象。这便是"形式因"。

除了以上三种原因，亚里士多德还提出了"目的因"。自然界中有许多可用于雕刻的材料，也有许多雕刻家明白自己创作的意图。但如果雕刻家一开始就没有雕刻的打算，那么雕塑便不会存在。雕刻家创作雕像一定基于某种目的，或是出于兴趣，或是为了出售。

我们刚刚提到的苏格拉底留狱的"真正原因"与亚里士多德所说的"目的因"是一致的。在苏格拉底的例子中，并不是身体的状况使他留在狱中，"真正的原因"是善，即留在这里是"善的"这一想法。这便是苏格拉底行为的"目的"。

当探寻"为什么"做某事时，阿德勒也使用了"原因"一词。然而，他强调，这并不是一种"严格的物理学以及科学意义上的因果论"。阿德勒所说的"原因"，与柏拉图的"真正的原因"、亚里士多德的

"目的因"相一致。

以被宠坏的孩子为例，我们不能简单地将孩子的娇生惯养归咎于母亲的溺爱。的确，母亲在这里正是亚里士多德所说的"动力因"，没有溺爱孩子的母亲，便不会有被宠坏的孩子。

然而，这不意味着由这位母亲抚养的孩子都会变得娇生惯养。用柏拉图的话来说，孩子变得娇生惯养，必然基于他们对"善"的判断。阿德勒认为，孩子变得娇生惯养的目的，是由他们各自的"创造力"创造出来的。在做出这样的选择和行为之前，其他的外部事件都只是"次要原因"（影响因素），而非"真正意义上的原因"（决定因素）。

因此，影响孩子行为的并不是父母的溺爱。当孩子认为"父母的行为对自己有利"时，他们便会利用这些行为服务于自己的目的。

作为行为目的的"善"

如果说目的是被创造出来的，那我们可能很难想象目的会违背个人的利益。苏格拉底认为留在狱中是"善"的。在希腊语中，"正义"和"善"这两个词，并不是道德上正义的意思，而是"有益"的意思；相反，"不正义"和"恶"则是"无益"的意思。

苏格拉底曾提出过一个悖论，他说"没有人渴望邪恶"，也就是说每个人都渴望善。但之所以称之为悖论，是因为总有渴望邪恶的人存在。

例如，有些人可能只是在无意识的情况下伸张正义，内心未必正义。可以想象，如果他们在不为人知的情况下获得了作恶的机会，他们可能也会做出不义之举。

由此看来，"没有人渴望邪恶"的含义是，没有人会期待对自己无益的事情发生，每个人都渴望获得幸福、远离不幸。从这个角度而言，这个说法似乎又不完全是悖论，因为它只是阐述了一个事实——每个人都渴求善，也就是幸福。

然而，在何为善、何为幸福的问题上，人们的观点并不一致，获取幸福的方式也各不相同。

苏格拉底如是说：

"重要的不是活着，而是好好地活着。"

"好好地"在对话录中意为"美好地""正确地"。

苏格拉底自问："未经雅典人允许就试图离开这里，究竟是对还是错？"对苏格拉底而言，"善"是"美好"和"正义"的意思。但是，如果说"善"不带有道德层面的含义，那么不正义有时也可以被视为善。

我们很快就会看到，有时为了某种目的或是自身利益，我们会将遗传、环境、器官缺陷、过去的经历等（阿德勒称之为"素材"）纳为己用。

阿德勒建议我们通过共同体感觉、横向关系、合作与贡献来使我们的生活变得更加"美好"。但从理论上而言，我们应当将其与"善"区分开来。这样，我们便能够审视在某些情况下我们正在做或试图做的事情是否有助于实现我们的目的（善），从而避免被强加作为常识的共同体感觉。

柏拉图的《国家篇》中有这样一段话：

"正义和美丽的东西，许多人只取它们的表面现象，即使它们实际并非如此，他们就凭这一点采取行动、占有事物、形成观点，然而，没有一个人满足于占有只是表面有益的东西，相反，他们寻求真正有益的东西，每一个人在这方面不都鄙视名声。"

无论有多少人觉得某人过得幸福，如果他实际上并不幸福，那也无济于事。单从"幸福即有益"这一角度而言，"善"便是这个含义。

众所周知，普罗泰戈拉说"人是万物的尺度"。依此观点，万物是"善"是"恶"取决于个人的信念。

事实真的如此吗？

例如，在吃东西时，如果感受到食物是苦的或甜的，我们通常会坚信自己的感受。当我们要判断这个食物是否为善（对健康有益还是有害）时，是不是需要脱离个人的信念呢？在判断食物是否健康这一问题上，或许存在绝对的标准。那么，在如何生活的问题上，是否也存在所谓"最善"的绝对标准呢？阿德勒的回答是"没有"。

阿德勒之所以说"或许存在"，是因为他不认同独立于环境的绝对价值观。什么是善，什么是恶，都应当由当事人根据情况共同商定。

因此，我们必须根据实际情况来审视阿德勒所说的共同体感觉，而不能将超验的价值观视作阿德勒心理学的基础。这样的做法是很危险的。

人们生活在自己建构的世界中

阿德勒的基本立场是，每个人都有不同的经历和体验，人们通过自己的视角认识世界。

我曾有过这样的经历。有一天，我和儿子去附近的一家餐厅吃饭。我们在入口处等服务员接待。一位年轻的女服务员看着我和儿子问我："请问是一位吗？"

那一天是工作日。我猜[1]，她可能认为一个男人不太可能在工作日带着孩子来吃饭，而在午休时间独自用餐则很常见。因此，尽管看到了我们两个人，她还是忽视了孩子的存在（也可能没看到）。

明明是两个人，却被问"是一位吗"，我流露出一丝不悦。她似乎察觉到自己的错误，再次问道：

"请问是三位吗？"

这次，她的逻辑可能是这样的：这两个人应该是父亲和孩子。母亲也一定会来。这样，两人一起出现便说得通了。那母亲现在在哪呢？可能还在窗前看菜单，或者去上厕所了，一会儿就会来……一定是

---

1 如果实际询问后得到的回答并非如此，那就是我理解错了。

这样。

阿德勒曾举过一个例子。假设他在教室里架起一把梯子，爬上去坐在黑板上方。任何人看到这一幕都会觉得"阿德勒老师好奇怪"。大家会疑惑他为什么要架起梯子，为什么要爬上去，为什么以那样奇怪的姿势坐在那里。"如果阿德勒老师不坐在比别人高的地方就会感到自卑。他之所以坐在黑板上方，是因为那样能够俯瞰全班，这让他感到安心。"当你了解这一点后，就可能就不会觉得奇怪了。

我并不是说那位女服务员的观点以及坐在黑板上方的阿德勒的观点是错误的。这都是他们各自建构出的现实，如果否认这个层面的现实，便无法理解客观的现实。

一天，儿子让我惊讶不已，他说："我比一年前高了，比爸爸高了。这说明爸爸变矮了。"难道这真的是一个该被批评的幼稚想法吗？如果是柏拉图的话，他可能会这样回答："我的身高确实与之前有所不同，'实际地'发生了变化，我变矮了。"我的身高是 155 厘米（阿德勒也是相同的身高）。我绝不认为，155 厘米这个数字，不过是用来描述"大（或是小）""高（或是矮）"的概念。[1]

常年接近 18 摄氏度的井水，在夏天令人感觉清凉，在冬天则令人感觉温暖。但这只是一种主观感受，井水的温度"实际上"并未发生变化。我们真的只能这么想吗？当被问及井水是否真的冬暖夏凉时，我们不能做出肯定的回答吗？

这两个例子可能听起来有点奇特，让我们以货

---

1 这里提到的身高、井水温度以及货币的例子，均来自藤泽令夫的《世界观和哲学的基本问题》。柏拉图在《泰阿泰德》中写道："如果将年老的苏格拉底与年轻的泰阿泰德相比，苏格拉底更高一些。但泰阿泰德还在长身体，一年后就会比苏格拉底高。"苏格拉底的体型明明没有变化，为什么变矮了呢？藤泽看到柏拉图的叙述时，果断地得出结论："苏格拉底的身高并非保持不变，实际上是变得更矮了。"藤泽认为，不存在完全独立于任何条件的属性。

币价值来举例，也许会更易于理解。十年前的五百元和今天的五百元，价值是否相同呢？如果有人根据金额判定两者价值相同，那显然是缺乏常识。因为很明显，十年前能用五百元买到的东西现在已经买不到了。

由此可见，主观感受的世界是由个人构建而成的。我们可以将其视作一个假说，但不必将其视为唯一的真理，或是用来理解世界的绝对标准。井水"实际上"就是18摄氏度，所以不可能让人感到冷，这样的说法就显得很荒谬（如果仅仅是可笑的话也就罢了）。换言之，"你的观点完全是主观的（私人的，即个体感受），所以还是和大家持相同的观点（共同体感觉，即常识）比较好""你做的事不符合某种标准"，像这样将固有价值强加于人是一件很危险的事。因为，正如之前所说，常识也可能是错误的。

反之，我们应当为那些在特定情境下有个体感受的人寻找一种共通的语言，探寻一种更"善"的生活风格。

我们在前文（第二章）提到过关于鼓励的内容。我们了解到，并不存在适用于所有情况和所有人的鼓励话语。要想知道在不同的情况下该说什么鼓励的话语，唯一的方法就是询问刚才说的话是否起到了鼓励的效果。有时候，看似不是鼓励的话却能起到鼓励的作用，是因为，鼓励的意义只有在与对方交互的现实语境中才能得以体现。

大江健三郎写道，在他全家返回"四国的森林村庄"的那天，他的女儿在回东京的飞机上一直担心着他。儿子光在离开家时，大声对祖母说：

"振作起来，好好地死去！"

祖母回答道：

"好，还是打起精神，好好地死去吧。但是，光，这真是遗憾啊。"

幸运的是，她后来康复了。不久后，她这样说道：

"没想到，在我生病期间，成为我精神支柱的人是光。'振作起来，好好地死去'，每当我想起光说的这句话，便有了勇气。是这句话让我想要重新活下去。"

每次谈到鼓励时，我都会想起这段话。

逃避人生课题时

前面我们提到，原因论关注"从哪来"，目的论关注"到哪去"。但这并不意味着原因只存在于过去，目的只属于未来。相反，目的是个人的想象，是一种意象，而非现实存在。阿德勒将这种目的称作"空想"。而我们之前已认识到，原因也不是客观存在的。

阿德勒说，人生中存在一些不可回避的课题，那便是工作的课题、交友的课题以及爱的课题。解决这些课题需要付出努力和毅力，有时我们试图逃避这些课题，因为觉得自己缺乏解决问题的能力。

阿德勒用"自卑情结"来描述强烈的自卑感。例如，在日常交流中，我们常常可以接触到这样的逻辑："因为我是 A（或者因为不是 A），所以做不了 B。"这便是自卑情结的体现。

阿德勒曾讨论过沉迷打牌的孩子，放在现在，阿德勒应该会关注沉迷电子游戏的孩子吧。这些孩子可能会说："因为我沉迷电子游戏，所以无法专心学习。"同样，阿德勒认为早婚的年轻人也会说出同样逻辑的话——他们将生活的不顺归咎于婚姻。

自卑情结并不是一种心理现象，而是人际关系中的一种沟通模式，也是逃避人生课题的一个借口。这些借口无非是"没有其他选择""没有办法"等等。但这不仅是在欺骗别人，更是在欺骗自己。阿德勒将这种借口称作"人生谎言"。

反对决定论

在面对人生课题时，许多人会展现出一种"犹豫态度"。这种思维方式在当今相当普遍。根据这种逻辑，现在的生存方式是由过去和外部事件决定的。因此，当下的生存方式是唯一且别无选择的。

的确，从原因论的角度而言，我们似乎只能得出"当下的生存方式是唯一的"这一决定论。这是为什么呢？阿德勒为什么反对决定论呢？

下面是一个关于波斯战争中的英雄地米斯托克利的故事。一个来自小地方的人企图贬低地米斯托克利的声誉，他说："你今天的名声并不是凭自己的实力获得的，而是因为你碰巧出生在雅典。"

地米斯托克利回答说："如果我出生在你的国家，也许不会有今日之名。但即便你生在雅典，也未必能获得和我一样的名声。"

这告诉我们，解读一个人时，不能仅仅考虑他的社会条件。单是依据一个人的社会条件，或是成长经历、兄弟姐妹排行等，都无法解释这个人。这些也许都是"影响因素"（柏拉图所说的"次要原因"），但都不是"决定因素"（真正的原因）。

由自己决定

那么，我们之所以成为现在这个样子，究竟由什么因素决定呢？

曾与阿德勒共事过一段时间的弗兰克尔说道："**人是由自己决定的，与环境、教育和素质无关。作为一个人，并非只能有一种生存方式，再无其他选择。人们始终可以选择其他的生存方式。**"这也是阿德勒一直强调的观点。

弗兰克尔曾通过一个案例展示人们对阿德勒观点的理解。一位患者曾对弗兰克尔说："别对我抱有期待。我有着阿德勒所说的独生子女的性格。"弗兰克尔评价道，他们忽略了人是可以战胜自己的。与其认为弗兰克尔与阿德勒观点不同，不如说这是阿德勒的思想被误读为决定论的一个典型案例。

实际上，阿德勒始终要人们警惕分门别类的危险性，比如认为独生子女有某种特定性格。尽管阿德勒也会对事物进行分类，但这种分类仅仅是"为了更好地理解个体相似性的一种认知手段"。阿德勒心理学不是"通则式"的，而是"个案式"的。这意味着每个人都是独一无二的，我们必须从这个角度来理解人们的行为。

有趣的是，弗兰克尔在其著作中明确地表示了"反"决定论的立场。他指出，"持久创伤的观点是软弱无力的"。在心理问题（精神创伤）频发的当下，阿德勒的观点值得我们重新审视和思考。

关于儿童教育，阿德勒认为，我们绝不能认为孩子没有改善的空间。即使在最差的情况下，我们也必须寻求相应的解决方法。这一观点的理论基础便是与原因论相对立的目的论。

例如，当一个人用遗传因素来解释自己能力不足时，仅仅是提到遗传因素这一点，我们便能看出他逃避人生课题的倾向。无论是提及自己当下的生存方式、遗传因素，还是父母的教育方法，阿德勒都称之为"表面上的因果律"。

也就是说，他们在没有因果关系的地方强求因果，其目的是将自己行为的责任转嫁到其他事物上。由此，遗传、父母的教育方法、环境等因素便成了促成他们当下状态的原因。

阿德勒举过一个例子，他提到一只被车撞的狗，这只狗经过训练，习惯与主人并肩而行。有一天，它被车撞了。从客观角度而言，这可能是狗的疏忽造成的。但那只狗却不这么认为，它会觉得"那个地方"很可怕，以后都会避开那里。

阿德勒说，精神病患者也是如此。为了维护颜面，他们倾向于将自己无法直面的人生课题归咎于某些事件。用阿德勒的话来说便是，"遭遇了事故，是这个地方的错，而不是自己粗心大意或缺乏经验"，正如那只狗始终坚信那个地方有危险。

阿德勒还说："当一个人提及生活中困难和状况的原因时，便是他吐露自卑情结的瞬间。他可能会谈及父母和家庭，或是自己没受过良好的教育，抑或一些事故、干扰和压迫等。"只要我们愿意，我们可以找出无数个"原因"。

当我们站在必然导向决定论的原因论的立场上，用某个事件来解释当下状态的原因，我们必须思考：在这样的前提下，教育、育儿和治疗是否还有实现的可能呢？

在创伤后应激障碍（PTSD）患者以及家庭中的成年子女的病例中，常见严重抑郁、焦虑、失眠、噩梦、恐惧、无力感、颤抖等症状。人们通常认为，这些症状和极端行为是由过去的精神和身体痛苦、家人的排挤和虐待等外部原因造成的"心灵创伤"引发的。

这种想法认为人只能对外界的刺激做出反应，忽视了人在任何情况下都有选择的可能性。

阿德勒认为，**创伤未必只能是创伤。任何经历本身并不是成功或失败的原因。我们不会被经历所冲击，也不由经历决定，而是由我们赋予它的意义所决定。**

因此，如果我们将某种经历视为创伤，那么它就只能是创伤。如果我们坚信一段经历只能带来某种特定的影响，认为人们无法选择其他的生存方式，那么引导人们选择不同生存方式的教育、育儿和治疗便不可能实现。

显然，决定论是导致阿德勒所说的自卑情结的根源所在。

个人的主体性

阿德勒心理学不赞成原因论的观点，他不认为个人的问题是由某些事件和经历造成的。相反，阿德勒认为，之前潜藏的生活风格会在某些经历中得以显露，例如步入学校等。

阿德勒认为，青春期并没有改变孩子。青春期是一种"新的状况"，仅仅使在此之前形成的性格得以逐渐显现而已。

即使在同一环境中，也无法培养出两个完全相同的孩子。例如兄弟姐妹的排行会对孩子产生很大的影响，但如何理解环境，对孩子的成长而言具有更大的决定性意义。

阿德勒反对原因论。从广义而言的心理功能——情绪、心智、性格、生活风格、疾病、过去的经历、理性、思维等，应当为个人所用，而我们不应被这些因素所支配，而应出于某种目的使用它们[1]。

在自卑情结下，A 常被看作无法完成 B 的理由，但它并不具备支配人行为的力量。很多时候，是我们选择将 A 视为无法做 B 的理由。这与我们之前提到的创伤相同，都是在利用过去的经历。创伤是一种逃避人生课题的借口，我们将这种借口称作"人生谎言"。

希腊哲学中有一个重要论题，那便是不节制（akrasia）和不自制（akrateia）。之所以说意志是薄弱的，因为人们时常明知是善（对自己有益）而不为，明知是恶（对自己无益）而为之。

我们拿情绪来举例。特殊情况下，理性的人也可能会在某些场合突然大发脾气，对人大吼大叫，甚至使用暴力。

1　个人的主体性的说法，参考了野田俊作的《个人的主体性》一文。

然而，阿德勒并不承认这种不节制，他不认为人们会被情绪所支配，做出明知不对的事。同时，他坚信不存在无法在两个以上的选择中做出抉择的情况。如果行为（A）显然对自己有利，但你却没有去做，那并不是因为你不知道（A）是好的，而是因为你已经做出了判断，认为此刻行为（B）对自己而言更有利。

在任意时刻 t1，我认为某事是好的（我们称作"认知 t1"）。这种认知很容易被任意时刻 t2 的其他认知（我们称作"认知 t2"）所取代。于是那一刻，"我"便会做出判断——"认知 t2"是好的，"认知 t1"不是。

决定做某事，又决定不做某事；心里一边想做某事，一边又不想做某事……这样割裂的情况是不存在的。明明清楚却不做，实际上并不是不能做（can not），而是不想做（will not）。

当一个人选择做某事时，应当对自己的选择负责。从这个意义而言，阿德勒心理学是一种问责的严肃的心理学。但与此同时，阿德勒心理学也鼓励自由选择，哪怕有些选择是错误的。这种理念为教育和治疗开辟了更广阔的道路。

第五章

探寻人生的意义

人生的意义由自己决定

正如我们之前看到的，从个人生活风格的角度而言，阿德勒心理学是非常严苛的。

过去和现在的一切都是自己的责任，这种观点可能不太容易被接受。然而，没有人能代替你过完一生，遇事不顺时也不会有人代为解决。我们应当坚决摒弃将不顺归咎于过去的事件、才能等外在事物的想法。

这也正是生活的意义。如果一切早已注定，而我们又无能为力，那么唯一能做的只有坐等不幸（或是我们认为的不幸事件）降临。**当我们意识到人生是由自己创造的，自己才是人生的主角时，我们才会明白，前进的道路上只能依靠自己。**

本章将回顾之前的所有内容，并进一步探讨我们应当遵循怎样的生活准则。

有人问：

"人生的意义是什么？"

阿德勒回答道：

"人生并没有普遍适用的意义。人生的意义是由自己赋予的。"

我母亲于四十九岁因脑梗去世。当时我已成年。可母亲常说："等孩子们长大了，我就去旅行。"

实际上，在我的记忆中，父母两人唯一的一次旅行是我上小学的时候，他们去了东京。他们总是想着，等孩子长大成人了，独立了，他们便能拥有自己的生活。

然而，母亲脑梗后半身不遂，动弹不得。那一刻起，她的人生失去了意义。

母亲逐渐认清自己的处境，她陷入了恐慌。当她得知我和父亲讨论未来的计划却未曾征求她的意见时，她大发雷霆。我明白母亲的状况比她想象的更为糟糕，我害怕她会因此陷入焦虑和抑郁，于是没有告诉她真相。但现在回想起来，她应当了解自己的病情。我意识到，面对并接受真相是母亲的课题，而非我和父亲的课题。

不久，母亲在床上几乎不能动弹。她突然提出想从头开始学习德语。于是，我又教了她一遍，从字母表学起。

之后，她的认知水平开始下降，耐心日益衰减。她说要读一本一直想读却没读的书。我便按她的要求，在床边为她朗读了陀思妥耶夫斯基的《卡拉马佐夫兄弟》。

后来，她完全丧失了意识。我在她身边已无能为力。这时，我想道：

"人类的幸福究竟是什么？当生命到了这种时刻，无法动弹，失去所有意识时，我们还能找到人生的意义吗？"

我每天坐在母亲的床边，反复思考这个问题。如今，她已经无法动弹了，金钱和名誉对她来说没有任何意义。这些都无法给人生带来意义。

她现在连意识都没有了。我第一次明白健康与人生的意义无关，外部因素对人生的意义或是幸福毫无影响。这些都是我从母亲离世的经历中领悟的，而非从书本中学到的。

当我开始研究员生涯时，我已经放弃了赚钱，但仍然想要名誉。

我必须自己探寻母亲所认为的人生意义，因为我知道，当处于像母亲那样的境况时，一切都将失去意义。

她去世前，我为了照顾她，向大学请了几个月假。我再回到学校时，已经不是曾经的那个我了。

不在意他人

在学习鼓励的过程中，很多人在乎自己能否受到鼓励。他们会想，我给了你这么多鼓励，为什么你不鼓励我呢？其实，我们的生活无须依靠他人的鼓励，也不必在乎他人的想法。

一旦你在意他人的想法，就会被迫过上非常不自由的生活，因为你必须不断地去适应他人。

当然，这并不是说完全不需要考虑别人。但如果你总是在意他人的看法，时刻担心被讨厌、渴望被喜欢，那么你确实可能获得所有人的喜爱，但由于四处讨好、八面玲珑，你自己的人生也会迷失方向，缺乏信念。

这样的人活得并不自由。因为没有敌人就意味着一味迎合，这样的生活风格一定是不自由的。

无论你做什么，总会有人看你不顺眼。十个人中，至少有一个人与你互相讨厌，他不喜欢你，你也不喜欢他；两个人与你互有好感，无论你做什么对方都能接纳；至于剩下的七个人，他们的态度会时常发生转变。而真正值得交往的，正是其中那两个人。因此，无须为其他人劳心费神。

你可能还有一些工作上的交情，很多人将工作中的关系看作友情。随着时代的推移，长期在同一职场工作已不再是常态，但工作中的关系并非友情，而是基于工作项目而建立的联系。当我们进入这样的时代，或者只是设想这样的情况，工作中的人际关系就已经悄然发生变化。我并非反对与同事在工作之外成为朋友，但确实应该划分工作和交友的界限。

有人看我们不顺眼，这恰恰证明了我们活得很自由，我们贯彻了自己的生活风格，遵循了自己的方针。可以说，这是自由生活需我们付出的代价。

如果要在被所有人喜欢和被部分人讨厌之间做出选择，我会选择后者。因为**即使被人讨厌，我也想自由地生活**。

不畏惧失败

在意他人的想法，往往会让我们错失行动的良机。一旦你做出了自认为是"善"的行为，那么如何看待这个行为便是他人的课题了。不要受制于他人的想法，试着继续前进吧。

我在大学里教授希腊语。这门课的学生很少，最少时只有一人，最多也不过五人。但不愧是对公元前五世纪的语言感兴趣的学生，他们每个人都表现得十分出色。然而，也有部分学生没有勇气来上希腊语课。因为在迄今为止的人生中，他们一直被认为是优秀的，而在我的希腊语课上，他们首次体验到了不会读、不知道的感觉。

有一次，我让学生们把一段希腊语翻译成日语，大家却闭口不答。那时，我问了一个学生：

"你为什么不回答问题呢？"

他说：

"如果我答错了，老师会觉得我不是好学生。我不希望给老师留下这样的印象。我希望老师认为我只是恰巧不会回答这个问题，而我本人还是有能力的。"

原来他们只是想让我相信他们有潜能。我告诉他们，无须这样顾虑，也不要害怕犯错，因为希腊语本就不是一门简单的语言，有不懂的地方很正常。作为老师，如果我看不到学生的错误，便无从得知学生的困惑，也无法调整自己的教学方法。因此，我鼓励他们回答问题。

自此之后，学生们便开始积极回答问题了。这就好比对一个不愿学习的孩子说"你其实可以做得很好"，那么他听后一定不会去学习。因为那样的孩子希望保留自己成功的可能性，他们害怕面对努力后却无法成功的现实。[1]

我不是为了满足他人的期望而活

人们常说，不要仅考虑自己，也要考虑别人。然而，做到这点并不容易。我们不禁会想，人真的能毫不自私地生活吗？

之前，曾有人咨询去医院探望朋友的事。他的朋友已经到了癌症晚期，本人却并不知情。他担心如果去探望朋友，自己的神情会透露出病情的严重性。

"你想去就去吧。"当时的咨询师说道，"如果对方不高兴，你就回来。试想，如果有人说'听说你住院了，我想着你会很无聊就过来看看'，你绝不会想

1　面对难以完成的任务时，人们可能会采取逃避的生活风格，阿德勒称之为"要么全做，要么不做"。如果不相信自己会成功，可能从一开始就不愿尝试。

和这样的人做朋友吧？但如果对方说'听说你住院了，无论如何我也要过来看看'，你应该会想和这样的人成为朋友吧。"

我深以为然。听说某人住院后去探望，这也可能是一种自私的行为，但只要你的探望能让对方感到高兴，那你就做出了贡献；如果他并不高兴，你离开即可。当你的想法与他人的想法发生冲突，可以随时做出调整。

你最终都是为自己而活，这是无可辩驳的事实。如果有人声称他们是为你而活，我会持怀疑态度。试着时刻思考自己真正想要的是什么吧。

你在做当下想做的事吗

有人说过这样一段话。一只跳蚤自由地跳跃着，此时，如果把它装进密封的玻璃瓶里会怎样呢？它将受限于狭小的空间，跳跃高度大不如前。接着，把玻璃瓶拿开，跳蚤重获自由。此时，跳蚤会做什么呢？与被装进瓶子前不同，它不再无拘无束地向高处跳跃了。

跳蚤将自身置于一种无形的桎梏中，仿佛玻璃瓶依然存在。我们就像这只跳蚤一样，很多时候，所谓的限制其实并不存在。所以，往更高处飞吧，自由地生活吧。

我养了一些孔雀鱼。刚出生的孔雀鱼只在鱼缸的一小片区域内游动。我告诉它们，鱼缸要比这大得多，但渺小的孔雀鱼却无从知晓。有一天，长大的孔雀鱼为了躲避大鱼的追捕，突破了它们所认定的世界边界。看到了这一幕，我暗自为它们喝彩鼓掌。

《海鸥乔纳森》的作者理查德·巴赫曾问："你快乐吗？此时此刻，你是否在做自己真正想做的事情？"刚刚提到，人们固然可以自私地生活。然而，如果每个人都开始随心所欲地生活，则必定会引发混乱。个体固然是自由了，却会给共同生活带来困难。在这种情况下，我们应当如何做出调整，在必要时应当在多大程度上克制自己的自私行为，让步于他人呢？我希望我们的生活能不受限于虚构的"玻璃"，真正做自己人生的主角。然而，阿德勒心理学告诉我们，并不存在绝对的自由，自由总是与"责任"相伴。

我有一个学生，她在上高中时，父亲一直担心她的前途，不断地告诉她哪所大学好，哪所大学不好。她总是一声不响地忍受着父母的说教，如同等待暴风雨过去一般。有一天，她决定不再沉默。

我问她说了什么，她回答道："我希望我的人生能由自己决定。"

"我还说，如果我听从您的建议上了某所大学，四年后后悔了，我会恨您一辈子的。这样也没关系吗？"

她的父亲听后哑口无言，她也因此得以进入自己心仪的大学。

自由也意味着承担相应的责任。她选择了自己的道路，就必须由自己承担后果，她不能再说"我本想去其他大学，但我父母反对"。

鸽子并不是在虚无的真空中飞翔，看似阻碍它飞行的空气实际上支撑着它。**自由并不存在于虚无之中，正因为存在阻力，我们才能获得自由。**

生活中，我们很难得到所有人的支持，总有人反对我们的选择。比如当我决定以某种方式生活，却遭到父母的反对，此时父母的反对就是我坚守自由所需承担的责任。我做我想做的事，如果得到了周围人的支持，那自然值得高兴，但现实往往并非如此。很多时候，我渴望遵从自己的意愿生活，而周围的人却不允许我做出自己的人生选择。

关于责任

当你遵从自己的意愿、主张自己的权利时，必须做好承担相应责任的准备。一旦你主张了自己的权利，就必须认识到，一切的结果都是由自己的行为造成的。你必须接受有人会讨厌你，也必须有勇气面对潜在的风险。

一天，我在地铁上突然身体不适，不得不在最近的车站下车。我腹痛难忍，急忙跑向厕所。正当我松了一口气时，却听到几个女人的声音。我心想，可能是我着急之下走进女厕所了。不久，她们抽起了烟，开始说老板的坏话。我焦急不已，眼看上班就要迟到了。

这时，一位年长的男性走了进来。

"你们站在这里，吓了我一跳。我还以为这里是女厕所呢。"

我才意识到，这是一个男女共用的厕所。我连忙道歉，并匆匆离开。

我终于走出了厕所。那时，我和那位男士同时看到了落在洗手台上的伞。

"这个，应该是她们的伞吧。你追上去把伞给她们吧。"

"啊，可是我都没看清她们的脸。再说，现在追上去也……"

"哎呀，好吧。那我拿给她们吧。"

说着，他飞奔出去。

"喂，你忘带伞了！"

他有勇气，而我没有。我找借口逃避了眼前的课题——送伞。

责任这个词在英语中叫作 responsibility，意思是回应的能力。"把伞还给她们吧"，当你接到这样的课题时，不试图逃避，而是回答"我在这里，我会完成应当做的事"，这便是履行了责任，或者说，凭借自身的力量解决了自己的人生课题。

有时，我们会因为害怕颜面和自尊受损而不敢回应；有时即使我们回应了，也会试图用"如果……的话"等借口来逃避课题。

我们已经看到，阿德勒将这种逃避课题的借口称作"人生谎言"。

他人不是为了满足我的期望而活着

如果我们认为自己有权不为他人的期待而活，那么就必须承认他人也拥有同样的权利，**他人也不是为了满足我们的期望而活着。**

在第二章中我们看到，如果一个人的行为对我们造成了实质性的困扰，我们有权利依照程序要求他改进。前文尚未做出明确定义，我们将对共同体造成实质性困扰的行为称为不恰当行为。那么，是否意味着不对共同体产生困扰的行为就是恰当行为呢？答案是否定的。

例如，不学习只是个人的问题，并未对他人造成实质性的影响。然而，虽说不学习不是不恰当行为，但也不算是恰当行为，我们将这种行为称作"中性行为"。

然而，家长和老师却经常给这种中性行为贴上"问题行为"的标签，如不学习、忘东西、染头发等。

他们有权对不恰当行为提出质疑并要求改进，但无权越过本人的意志，擅自干涉中性行为。我在看护大学教哲学的时候，经常遇到护理专业的学生染发。人们常说"这不像护士"，然而，价值观是因时代、文化和个人而异的。我们之前提到，阿德勒心理学认为，对与错都是相对的。

的确，在某些护理情境中，染发可能会给病人带来实质性的困扰。但却很少有老师会从理论的角度解释染发的弊端，更多老师倾向于自以为是地把观点强加于人。我并非否认这些观点的正确性，而是希望大家在面对与自己不同的看法和思维方式时，能够多一些宽容。

即使他人的行为或生活风格不尽如人意，但只要这并未成为你们的共同课题，你也不能贸然干涉，因为那是他们自己的课题。这个观点看似淡漠，与传统的观念有所不同，但我们必须认识到，人际交往中的许多纠纷往往源于擅自介入他人的课题。

关于独立

　　换个角度说，在没有必要的情况下，他人不能介入你的人生。在传统社会中，即使他人造成了非实质性的心理层面的困扰，人们也会进行干涉。而我们主张的是一概不进行干涉，这意味着人生完全由自己负责。

　　仅靠个人的能力无法解决生活中的所有问题。之前提到，当德雷克斯对克里斯滕森说"不必变得与众不同"后，他"学会了像家里年纪最小的孩子那样依赖他人"。这里所说的"依赖"并不是依存。有些人认为，独立意味着所有事都要自己一个人做，其实并不是这样。独立意味着自己能力范围内的事自己解决，遇到无法独自解决的问题时也可以寻求帮助。

注重沟通

如果你选择沉默不语，人们并不会主动提供帮助。因为从原则上说，自己的问题应当由自己解决。当你提出请求并得到他人的帮助时，要知道那完全出于他人的善意，而非他们应尽的义务。我希望你能以这样的心态看待这一问题。

也就是说，不要期待别人体察或关心你的情绪。沉默是无法传达想法的，如果你一直保持沉默，没有人会来帮助你，若想得到他人的帮助，必须清晰地表达诉求。

如果有想说的话，那就直截了当地说出来。很多人对直接表达观点感到犹豫。这是因为人们通常不喜欢主动表达，认为不表达是一种美德。之所以这么想，是因为他们认为无须表达对方也能够理解，无须请求对方就知道自己想要什么。他们将此称为细心与体谅。

不用语言表达并不意味着没有表达，人们可以通过态度、手势、情绪和氛围等方式传达自己的想法。例如，通过大声摔门和流泪吸引周围人的注意等。

再比如，比上述情况稍微复杂一些，我们可以通过叙述当下的情况向对方提出要求或是拒绝对方的要求。比如，"今天好热啊"，不仅是对炎热状况的描述，实际上也是一种请求——天气很热，希望对方打开空调。有些人更倾向于这种间接请求，因为它显得更为谦虚。

可问题在于，当对方没有理解你的意图时，对话要么演变为咄咄逼人的观点输出，要么请求被收回转变为报复。

会田雄二指出，如果体察和体谅能够顺利运转，那么这将是一个美好的世界；但只要稍有偏差，便会进入一个无法遏制的仇恨与愤世嫉俗的世界。他以一个家庭为例，这个家庭完全依赖于"体察"这部哑剧来维系关系。

初夏的一个傍晚，婆婆外出归来。媳妇开始准备晚饭，孩子们围绕在她身边。

媳妇这样"想"着：从婆婆刚才那句"我回来了"的声音和神态中，可以感受到她已经很累了。但晚饭还没做好，希望她能帮忙照看一下孩子。不过，还是让她先休息三四十分钟吧。

婆婆这样"想"着：媳妇看起来需要我的帮助。我先休息一会儿，等会儿就去照顾孩子吧。

于是，婆婆躺下打起了瞌睡。媳妇走进房间，轻轻地给她盖上薄被后便离开了。这既是一种关心，也是一种示威。婆婆不久后就醒了，看到了媳妇盖在她身上的薄被，于是，她默默地带着孩子去公园散步了。

这样，媳妇便能专心准备晚餐了。丈夫、婆婆和孩子们会在合适的时候回家，仿佛在等待晚餐一般。"我回来了""辛苦了，欢迎回家"，除此之外，无须多言。

不过，这是一切顺利的情况，当然也有可能出错。如果媳妇以为婆婆会立刻照看孩子，而婆婆却进入房间休息，会出现什么情况呢？媳妇会觉得婆婆是个"可恶的老太婆"，便故意很大声地做饭；婆婆也会偏执地想"本来只想休息一会儿就过来，可恶，现在我才不会来帮你"。可见体察和体谅失败的危险性很大，因此我不建议用这种方法。

体谅或期待被体谅，实际上与不经请求就指手画脚的行为一样，都是一种纵向的关系。这背后隐含的是对对方能力的质疑，或者至少不相信他们有能力提出请求。

还有一个退休大学教授的故事。按照惯例，大学教授退休时通常会举办退休纪念演讲和聚会。那位教授的助教也联系了他，想要确定演讲的日程安排。

"老师，您要退休了，我们这些学生想为您举办退休纪念讲座和聚会，请问什么时候比较合适呢？"

教授婉言拒绝了："不敢当，不必特意为我举办了。"

通常，在这种情况下，如果助教坚持说"教授，千万别这么说，请一定让我们举办这个活动"，那么教授应该也不会拒绝。但遗憾的是，那位助教曾接受过海外教育，他完全接受了教授的说法，只是回答道，"这样啊，我明白了"，然后便离开了。那一年，教授孤独地离开了大学。

将棋四冠王羽生善治曾因在比赛中坐在上座引发争议。虽然大家都知道羽生善治棋艺高超、实力非凡，但在与前辈棋手对弈时，年轻棋手绝不能坐在上座。年轻的棋手应当提议："前辈，请坐上座。"前辈可能会说："不，你的实力比我强，我不能坐在上座。"不过，即使对方这么说了，也不能回答"这样吗，我知道了"便坐下。一般而言，后辈应该说"没这种事，别这么说。前辈请坐上座"。随后，前辈回答"既然你坚持如此"，最后落座上座。

在我看来，我们并不能责怪那位助教老师和羽生善治。如果教授真的想要举办活动，他应该说"我很乐意""那就拜托你们了"或是"那一天我有空"。

抱着"互不理解"的想法交往

进一步说，阿德勒坚信人与人本就不可能互相理解。正因如此，他特别强调通过语言进行交流的重要性。抱着"互不理解"的想法交往，远比以"互相理解"为前提的交往来得稳妥。[1]

有这样一则寓言[2]。男人是火星人，女人是金星人。有一天，男人拿着望远镜眺望，被美丽的女人所吸引。他主动上前搭讪，没想到女人答应了他的约会

1　人们不能互相理解。在这个前提下，阿德勒理论的精髓在于强调"共鸣"的重要性，即"用别人的眼睛看，用别人的耳朵听，用别人的心感受"。

2　这个故事取自约翰·格雷的《男人来自火星，女人来自金星》。部分细节可能有所变动。

请求，从此两人开始频繁见面。随后，他们逐渐意识到彼此的思维方式和感受方式截然不同。他们无法立即接受这一事实，但仍然能够彼此谅解，因为对方是外星人，这样的差异是理所当然的。

后来，他们厌倦了在外星约会，觉得是时候安顿下来了。于是，男人向女人求婚，两人结婚并在地球上安家了。

他们的孩子出生了。从那时起，两人间的交流开始变得紧张。出生的孩子是谁呢？是的，是一个地球人。渐渐地，他们也开始把自己当作地球人。在此之前，尽管他们能感受到彼此思维方式和感受方式的差异，但也能互相谅解，因为对方是与自己不同的外星人。但现在，同为地球人，为什么却没有相同的想法和感受呢？这让他们难以接受。原本，他们把互不理解视作理所当然的事，以不理解对方作为前提，努力尝试着理解对方……

开创自己的人生

我们已经看到，人们生活在自己建构的世界中，或者说，我们在不断地建构这个世界。

阿德勒曾提到过他的早期回忆：

"有一天，妈妈带着我和弟弟去市场买东西。那天，突然下起了雨。起初母亲抱着我，当她看到弟弟时，她把我放下，抱起了弟弟。"

阿德勒提及这段回忆，是为了选取能解释当下生活风格的记忆片段。我们不应认为过去的经历可以决定一个人现在的生活风格。

有过类似经历的人总会预设别人比自己更受偏爱。就像当时妈妈抱着自己又放下那样，他们担心一旦出现了这样的竞争对手，自己就会立刻不再被爱。即使现在看似被爱着、被喜欢着，他们也不会轻易相信对方。因此，他们时刻警惕着任何爱情和友情破裂的迹象。他们常常会说，你嘴上说着喜欢我，其实也和其他人一样吧。

从对方的角度来看，好不容易互有好感、互相接纳，对方竟然这样看待自己，感觉很不好受。最终，双方要么陷入争吵，要么因厌倦而离开。而当对方喜欢上别人时，他们又会产生"我最终会被讨厌、被抛弃"的想法，进一步加深"别人是我的敌人"的信念。

当你和一个不喜欢的人交往时，如果你一开始就认定他是个讨厌的人，那么你们的关系就很难有所突破。早上醒来时，你的脑海中会不自觉地产生这样的想法："讨厌，今天又要和那个人一起了。"明明什么都没发生，你就已经产生了讨厌的感觉。一旦有了这种感觉，事情往往就会这么发展，即使有时事实并非如此，你也会将其归为例外。

所以，**我们可以试着让往事随风，想象今天是第一次和这个人见面。**我知道这很困难。与人交往时，你可以尝试告诉自己，此刻是我第一次见到这个人。这样，过去的一切便不复存在了。曾有个女人去咨询，想摆脱结婚以来对婆婆的怨气。咨询师对她说："说说这周来发生的事情吧，就当这周之前什么都没发生过。"起初，咨询师的这番话让当事人有些失望，但她还是照做了，这成为推动咨询过程的重要一步。

试着将一周前，甚至昨天的事情抛诸脑后。也许这个人确实说过一些讨厌的话，但这并不意味着他今天也会说同样的话或是做同样的事。以这样的心态与他交往，也许你会有意想不到的发现。转变思维后，你会发现与他人相处的时间不是死的，而是活的，今天也并不是昨天的重复和延续。

试着从今天，从当下，从这个瞬间开始与人交往，你会收获许多新的体验。反之，你会始终为过去所困。

母亲去世前，我和父亲从未做过饭。当我开始尝试做饭时，我发现这是一件很有趣的事。那时，我正在读研究生，我买了很多烹饪书籍，认真地学习钻研，每天做完晚饭等着父亲回家。

有一天，我决定挑战做咖喱。做咖喱很复杂，需要用平底锅煎炒咖喱粉。我小心翼翼，生怕把咖喱粉炒糊了，足足花了三个小时才做好。父亲回来了。他尝了一口，我屏住呼吸等待着他的评价。父亲只说了一句话：

　　"以后不要再做了。"

　　这真是令人沮丧的一句话。其实，在那之后的一段时间里，我丧失了做晚饭的兴致。

　　十年后的某一天，我突然意识到，父亲当时的话未必意在打击我。那时，我在读研究生。母亲因脑梗去世，为此我有大半年没去学校。父亲说"以后不要再做了"，也许并不是指"不要再做这么难吃的菜"，而是说"你是学生，应当努力学习，不要再花那么多时间做饭了"。

　　在我的记忆中，从小到大，我和父亲间的交流很少。我总是害怕他会指责我。所以当他说"以后不要再做了"时，我也以为他是在批评我。但当我重新理解那句话的含义，我第一次感受到与父亲的亲近。虽然我并不确定父亲当时是否真的是这个意思，我甚至已经忘记了那件事本身，但对我来说，事实究竟如何并不重要。唯一重要的是，我创造了一个新的世界，在这个世界里，我能够以这种方式与父亲亲近。

乐观主义和乐天主义

有一个关于两只青蛙的故事。两只青蛙在装满牛奶的缸上跳来跳去。突然，它们掉进了缸里。其中一只青蛙喊着"啊，没救了"，便放弃了挣扎。它呱呱地哭着，什么也不做，一动不动地等待死亡。

另一只青蛙也掉下去了。但它奋力挣扎，蹬着腿拼命地游。过了一会儿，它脚下的牛奶凝固起来，变成了奶酪。它踩着奶酪蹦了出来。

这便是我们能做的事。

无论发生了什么，我们都应积极寻求解决之道。

这并非乐天主义。乐天主义认为无论发生什么都没关系，不管怎样都不会太糟，不会失败。乐天主义者认为一切都没关系，所以什么也不做。而乐观主义立足于现实，客观地看待现实，并从实际情况出发。

比如，从现状而言，孩子的状况并不理想。此时，应当正视并不理想的现实，并以此为出发点寻求解决之道，这是乐观主义。而乐天主义则想着船到桥头自然直，最终无所作为。这种态度不同于那种认为"一切都是徒劳"的悲观主义。悲观主义者往往缺乏面对状况的勇气，觉得做什么都没用，最终选择放弃。

阿德勒说，如果一个人在任何情况下都秉持乐天精神，那么他无疑是个悲观主义者。他们只是以乐天派自居，面对失败毫不意外，觉得一切早已注定。

而我们的选择既非悲观主义，也非乐天主义。我们应当竭尽全力，即使不确定能否成功，也不应认为一切都是徒劳，这便是乐观主义，**只有尝试解决问**

题，事态才有可能出现转机。

阿德勒强调教导孩子乐观主义的重要性。但同时，我们也应避免用玫瑰色的，或是相反地用悲观的语言来描述世界。阿尔弗雷德·法罗从阿德勒那里听闻了两只青蛙的故事。他说，在达豪集中营时，他向很多人分享了这个故事，这振奋了他们萎靡的精神。

问题可能不会立即得到解决，但这并不严重。严肃和认真是两码事。如果你想体验人生的乐趣，就必须认真对待人生。如果在玩牌时，有人说"对不起，我刚才打错了，再让我试一次"，那么游戏就会失去乐趣；同样，如果有人因输了而生气，游戏也会变得索然无味。从这个意义上而言，我们必须认真地去玩，但也无须因为输了就去送命，不必过于严肃。

从力所能及的事做起

有一部电影叫《辛德勒的名单》，它根据真实事件改编，讲述的是德国实业家奥斯卡·辛德勒在"二战"期间拯救了波兰一千多名犹太人的故事。奥斯卡·辛德勒是一名纳粹党员，他雇用犹太人到自己的工厂工作，使他们免受集中营之苦，拯救了他们的生命。那些被辛德勒拯救的犹太人被称为"辛德勒的犹太人"或"辛德勒的后裔"，而工场的雇用名单则被称作"辛德勒的名单"——只要名字出现在名单上，便意味着得以逃脱进入集中营的厄运。辛德勒的善举拯救了无数生命。战争结束后，他却只剩下一辆车。电影中有这样一个场景，辛德勒看着这辆车，后悔地感慨，如果当初把它卖掉，或许还能多拯救一两个犹太人。一位他雇用的犹太人得知此事后，用自己的金牙打造了一枚戒指送给辛德勒。戒指的背面刻着"拯救一人，即拯救了世界"[1]。

　　并没有所谓的全世界和全人类，真正存在的只有眼前的这个人。脱离与这个人的联系，思考全人类这一抽象的概念是没有意义的。我们不需要考虑能为全人类做些什么，或是让全人类做些什么，努力改变和当下接触的人的关系吧，哪怕是微小的改变，也会反过来影响全人类。

　　有人在沙滩上捡起一只海星，把它放回了大海。海星随着海浪被冲上沙滩。潮水退去后，海星就被留在了岸边。如果长时间留在那里，它们就会因干燥而死。有人看到他在捡海星，说道："这片沙滩上有成千上万只海星，你不可能把它们都放回海里。这种事在每一片海岸都会发生。你做或是不做，没有什么区别。"

1　弗兰克尔在他的回忆录中也引用了这句话。"拯救了一个灵魂的人，与拯救了整个世界的人同样值得尊重"。

他笑了笑，弯下腰，又捡起一只海星，扔回了海里。"但是，对这只海星来说，一定大有不同"，他说道。

那么，我们又可以做些什么呢？也许只是一些很平常的事吧，也许做不了什么大事。

有这么一个故事，关于"我可以做什么"的问题，一个美国人思考片刻后回答道："我可以每天早上对经过我家的车子挥手致意。"起初，大家都对他的行为感到不解，觉得他是个奇怪的人。但其实，早上上班路上有人向你招手也不失为一种愉快的体验。尽管最初大家都觉得他很奇怪，但不久后很多人改变了上班路线，特意从他家门前经过，向他挥手。

有一天，全美国都报道了他的故事。一位名叫扬波尔斯基的精神病医生将此事写成了一本书。后来，这本书被翻译成了日语，名为《平静的奇迹》。我之所以知道这个故事，并写下这篇文章，正是因为读了这本书。所以我才能和你们分享这个我完全不认识的美国人在家门口对经过的车子挥手的故事。

与在大屠杀中丧生的犹太人数量相比，辛德勒拯救的犹太人或许只是沧海一粟。英国作家托马斯·基尼利在听闻辛德勒的生平后写下了一本书。这部作品后来荣获布克奖，其地位与日本的芥川奖相当。有一天，史蒂文·斯皮尔伯格读了这本书，决定将这个故事拍成电影。当时，斯皮尔伯格正忙于拍摄《ET》，直到十年后，电影《辛德勒的名单》才得以问世。斯皮尔伯格是犹太人，在了解辛德勒的事迹之前，他曾一度对自己的犹太身份感到羞耻。他为自己具有犹太特征的鼻子感到羞愧，每晚睡觉前都会在鼻子上贴透明胶带。然而，在了解辛德勒的生平后，斯皮尔伯格开始以身为犹太人为荣。

后来，斯皮尔伯格着手拍摄《辛德勒的名单》。当电影在波兰的克拉科夫拍摄时，《时代》杂志前来采访他，并在全球范围内发表了一篇文章。一位八十多岁的老人读了这篇文章后，把女儿和儿子叫到家里。接下来的两天里，他告诉他们自己是辛德勒救下的犹太人之一，并讲述了自己在集中营里的经历。这些往事，他之前从未提及。第二天，那位老人去世了。

《辛德勒的名单》后来荣获了奥斯卡奖。奥斯卡颁奖典礼在全球范围内直播。想象一下，有多少人通过电视收看了颁奖典礼？有数十亿人之多。那些从未看过《辛德勒的名单》的人，也通过这场盛典了解了电影的背景和犹太人的那段历史，辛德勒的事迹也以这样的方式流传下来。

我们的所作所为总是以某种形式与整体密切相连。就像投入池塘的石头会激起涟漪一样，这种影响是无法消弭的。因此，在生活中，**应当先考虑我能做些什么，有些事情或许会有所改变，也或许不会改变**。

纵观现状，人类的未来或许并不总是那么乐观，但我还是希望人们能够认识到，**每个人都具有超乎想**

象的巨大力量，从力所能及的事做起吧，总得有人迈出第一步。如果我们这样做了，世界就一定会发生改变吗？或许变化不会那么显著。但是，如果我们选择并实践阿德勒所倡导的生活风格，我们的人生一定会有所不同。

曾经有人问阿德勒："你认为在这么多听众当中，有多少人理解了你的思想？"在第一章中我曾说，阿德勒所说的英语并不容易被理解，但更主要的是，阿德勒所说的话本身就不容易理解，或者说并不是听众想听的内容。

阿德勒回答道：

"只要有一个人理解我说的话，并将其传达给其他人，我就心满意足了。"

后记

　　写完这本书，我便去芝加哥参加了国际阿德勒心理学大会。来自世界各国的两百余人聚集在此。大会自 1922 年起接连举办，其间也曾因战争而中断。得以参加此次会议，我不禁感叹命运之奇妙。

　　在维也纳，有一位名叫达尔维特·奥本海姆的阿德勒主义者。他是阿德勒学校教育小组的成员，同时也在大学教授希腊语。1911 年，他与阿德勒一起退出了弗洛伊德的精神分析学会。曾受教于奥本海姆的人说，他的课不仅教授希腊语，还融入了苏格拉底和柏拉图的精神内涵。

后来，纳粹的魔爪伸向了维也纳，身为犹太人的奥本海姆陷入了危险。面对这样的局势，他的朋友们纷纷劝说他逃离。然而，奥本海姆仍然留在了维也纳，他认为自己没有逃离的理由。最终，他被送进了集中营，惨遭杀害。前文也曾提到，阿德勒心理学曾在奥斯维辛集中营一度濒临消亡。

第一次听闻奥本海姆的遭遇，我不禁想起苏格拉底的经历。他曾被判处死刑（主要罪名是毒害青年），在狱中时，他拒绝了弟子们的越狱提议，最终选择服毒自尽。我和奥本海姆一样，也是一名希腊语教师和哲学家。第一次听说奥本海姆的时候，我才刚刚接触阿德勒心理学，在希腊哲学和阿德勒心理学之间摇摆不定，不知如何选择。然而，在知晓奥本海姆的生平后，我解开了内心的困惑。从那时起，我认定了自己能做的事情，那便是向初学者传授阿德勒心理学。

阿德勒的朋友，作家菲利斯·博顿告诉我们，阿德勒认为他创立的心理学不仅是一套理论，更是一种"心态"。1990年，在意大利阿巴诺举办的国际阿德勒心理学大会上，埃尔温·林格尔博士就奥本海姆的生平发表了专题演讲。他说，真正的阿德勒主义者是在生活中践行阿德勒心理学的人。阿德勒心理学可能说起来很简单，但它是一门理论与实践紧密结合的学问，需要我们不断审视自己的生活风格。从这个意义上而言，我们需要做出艰难的选择。

这本书之所以能够面世，始于 KK Bestsellers 的主编邀请我写一本阿德勒心理学的入门书籍。我很愿意写，但要在有限的篇幅内概括内容广泛的阿德勒心理学是极为困难的。从一开始我就明白，想要涵盖阿德勒的所有内容是不可能的，因此在本书中，我选择了部分重点内容进行阐述。如果这本书能给你带来一些感悟，那将是我莫大的荣幸。

此外，我要特别感谢日本阿德勒心理学会前会长野田俊作博士。在过去的十年里，他给予了我宝贵的学术指导，就像我翻译阿德勒作品时一样。

同时，我也要衷心感谢 KK Bestsellers 的主编寺口正彦先生。他十分关注阿德勒心理学的发展，并给予我这次出版的机会。他仔细通读了全书，提供了许多宝贵的建议，十分感谢。

在本书的写作过程中，还有许多人面对面，或是通过国内外的电子邮件为我提供了支持和鼓励。在此就不一一列举了。谢谢你们。

1999 年 8 月

岸见一郎